essentials

essentials liefern aktuelles Wissen in konzentrierter Form. Die Essenz dessen, worauf es als „State-of-the-Art" in der gegenwärtigen Fachdiskussion oder in der Praxis ankommt. *essentials* informieren schnell, unkompliziert und verständlich

- als Einführung in ein aktuelles Thema aus Ihrem Fachgebiet
- als Einstieg in ein für Sie noch unbekanntes Themenfeld
- als Einblick, um zum Thema mitreden zu können

Die Bücher in elektronischer und gedruckter Form bringen das Fachwissen von Springerautor*innen kompakt zur Darstellung. Sie sind besonders für die Nutzung als eBook auf Tablet-PCs, eBook-Readern und Smartphones geeignet. *essentials* sind Wissensbausteine aus den Wirtschafts-, Sozial- und Geisteswissenschaften, aus Technik und Naturwissenschaften sowie aus Medizin, Psychologie und Gesundheitsberufen. Von renommierten Autor*innen aller Springer-Verlagsmarken.

Weitere Bände in der Reihe https://link.springer.com/bookseries/13088

Niels Bartels · Jannick Höper ·
Sebastian Theißen · Reinhard Wimmer

Anwendung der BIM-Methode im nachhaltigen Bauen

Status quo von
Einsatzmöglichkeiten in der Praxis

Niels Bartels
GOLDBECK GmbH
Monheim am Rhein, Deutschland

Jannick Höper
LIST Gruppe
Essen, Deutschland

Sebastian Theißen
LIST Gruppe
Essen, Deutschland

Reinhard Wimmer
TMM Group Gesamtplanungs GmbH
Böblingen, Deutschland

ISSN 2197-6708 ISSN 2197-6716 (electronic)
essentials
ISBN 978-3-658-36501-1 ISBN 978-3-658-36502-8 (eBook)
https://doi.org/10.1007/978-3-658-36502-8

Die Deutsche Nationalbibliothek verzeichnet diese Publikation in der Deutschen Nationalbiblio-
grafie; detaillierte bibliografische Daten sind im Internet über http://dnb.d-nb.de abrufbar.

Planung/Lektorat: Karina Danulat
Springer Vieweg ist ein Imprint der eingetragenen Gesellschaft Springer Fachmedien Wiesbaden
GmbH und ist ein Teil von Springer Nature.
Die Anschrift der Gesellschaft ist: Abraham-Lincoln-Str. 46, 65189 Wiesbaden, Germany

Was Sie in diesem *essential* finden können

- Eine Einführung in das nachhaltige Bauen
- Grundlagen der Operationalisierung von Nachhaltigkeit im Bauwesen
- Die wichtigsten BIM-Begriffe, -Definitionen und Standards für nachhaltiges Bauen
- Aktuell relevante BIM-Anwendungsfälle für das nachhaltige Bauen
- Methodiken zur Umsetzung dieser BIM-Anwendungsfälle
- Datenaustauschanforderungen für diese BIM-Anwendungsfälle
- Mehrwerte durch BIM für die BIM-Anwendungsfälle im nachhaltigen Bauen

Inhaltsverzeichnis

Über die Autoren

Niels Bartels, Dr.-Ing., Köln studierte berufsbegleitend an der DHBW Stuttgart sowie der Universität Wuppertal und promovierte am Institut für Baubetriebswesen der TU Dresden zum Thema „Strukturmodell zum Datenaustausch im Facility Management". Derzeit arbeitet er als Innovationsmanager bei der GOLDBECK GmbH und ist dort verantwortlich für Smart Building sowie Projekte zur Digitalisierung des Bauens und zur Systematisierung der Technische Gebäudeausrüstung.

Jannick Höper, M.Eng., Köln studierte Green Building Engineering an der TH Köln. Seit 2017 ist er als wissenschaftlicher Mitarbeiter am Forschungsschwerpunkt Green Building an der TH Köln tätig und promoviert am BIM Institut der Bergischen Universität Wuppertal zur Entwicklung von Methoden zur Automatisierung der ökologischen Analyse der Technischen Gebäudeausrüstung in frühen Projektphasen unter Einbindung der open BIM-Methode. Seit 2021 leitet er zudem den Bereich Nachhaltiges Bauen der LIST Gruppe.

Sebastian Theißen, M.Eng., Köln studierte Green Building Engineering an der TH Köln. Seit 2018 ist er als wissenschaftlicher Mitarbeiter am Forschungsschwerpunkt Green Building an der TH Köln tätig und promoviert am BIM Institut der Bergischen Universität Wuppertal zur zusammenhängenden Bewertung von materialgebundenen Umweltauswirkungen, Zirkularität und Schadstoffen der TGA im Rahmen open BIM basierter Material Passports. Seit 2021 leitet er zudem den Bereich Nachhaltiges Bauen der LIST Gruppe.

Reinhard Wimmer, Dr.-Ing., Stuttgart studierte an der RWTH Aachen University Wirtschaftsingenieurwesen Fachrichtung Bauingenieurwesen und promovierte am Lehrstuhl E3D zum Thema „BIM-Informationsmanagement bei der thermisch-energetischen Simulation von gebäudetechnischen Anlagen". Während seiner Zeit als Promotionsstudent arbeitete er am Lawrence Berkeley National Lab, Kalifornien, USA gemeinsam mit der Simulation Research Group. Derzeit arbeitet er als BIM Manager und Abteilungsleiter für Forschung und Entwicklung bei der TMM Group Gesamtplanungs GmbH und verantwortet die digitale Transformation der gesamten Bauprozesse.

Abkürzungsverzeichnis

AIA	Austausch-Informationsanforderungen (engl. Exchange Information Requirements, EIR)
AIM	Asset-Informationsmodell
AIR	Asset-Informationsanforderungen
BAP	BIM-Abwicklungsplan
BEG	Bundesförderung für effiziente Gebäude
BEM	Building Energy Modeling
BIM	Building Information Modeling
BMI	Bundesministerium des Innern, für Bau und Heimat
BNB	Bewertungssystem Nachhaltiges Bauen
BREEAM	Building Research Establishment Environmental Assessment Methodology
DGNB	Deutsche Gesellschaft für Nachhaltiges Bauen
EPBD	Energy Performance Buildings Directive
ER	Exchange Requirement
FM	Facility Management
GEG	GebäudeEnergieGesetz
IDM	Information Delivery Manual
IFC	Industry Foundation Classes
IWBI	International WELL Building Institute
KG	Kostengruppen
LCA	Life Cycle Assessment
LEED	Leadership in Energy and Environmental Design
LOD	Level of Development
MGP	Materieller Gebäudepass
MMC	Multi model container (Multimodellkonzept)

MVD	Model View Definition
OIR	Organisatorische Informationsanforderung
PIM	Projekt-Informationsmodell
PIR	Projekt-Informationsanforderungen
QNG	Qualitätssiegel Nachhaltiges Gebäude
TGA	Technische Gebäudeausrüstung
VeV	vereinfachtes Verfahren
VoV	vollständiges Verfahren

Einleitung

Eine nachhaltige Entwicklung zielt allgemein darauf ab, die Bedürfnisse der heutigen Generation zu befriedigen und gleichzeitig die Lebensgrundlagen künftiger Generationen zu erhalten [1]. Hierbei spielen Megatrends, wie Klimaneutralität, Kreislaufwirtschaft oder Digitalisierung eine entscheidende Rolle. Auch für den Bau- und Gebäudesektor geht eine Verantwortung einher auf diese Trends zu reagieren und durch den optimierten Einsatz von Technologien und der Verbesserung von Prozessen einen Beitrag zur Erreichung der nationalen und internationalen Nachhaltigkeitsziele zu leisten. Insbesondere im Hinblick auf die im Pariser Abkommen vereinbarten Klimaschutzziele spielt der Bau- und Gebäudesektor eine entscheidende Rolle, da die Planung, Ausführung sowie der Betrieb, Umbau und Rückbau von Gebäuden für ca. 39 % der weltweiten CO_2-Emissionen verantwortlich sind [2].

Es existieren in der Praxis bereits viele Ansätze die nachhaltige Qualität von Gebäuden durch optimierte Betriebskonzepte zu steigern. Dabei werden i. d. R. häufig nur rein energetische Maßnahmen fokussiert, da bisherige politische Maßnahmen im Bauwesen vorwiegend die Steigerung der Energieeffizienz und den Einsatz erneuerbarer Energien adressieren. Dementsprechend werden nur in geringem Maße ganzheitliche, nachhaltige Anforderungen beachtet. Um jedoch den Ressourceneinsatz und den CO_2-Ausstoß im Bau- und Gebäudesektor verstärkt zu senken, sind lebenszyklusübergreifende Betrachtungen notwendig, die bisher i. d. R. wegen zu hoher Komplexität und/oder Mehraufwänden, resultierend in Zusatzkosten, gemieden wurden.

An dieser Stelle bietet die Methode des Building Information Modeling (BIM) ein großes Potenzial zur praxistauglicheren Umsetzung von Anforderungen des

N. Bartels et al., *Anwendung der BIM-Methode im nachhaltigen Bauen,* essentials, https://doi.org/10.1007/978-3-658-36502-8_1

nachhaltigen Bauens. Durch den lebenszyklusübergreifenden, offenen und transparenten Austausch von Daten[1] können die verschiedenen Themenfelder und Bewertungsmethoden des nachhaltigen Bauens miteinander verknüpft, kommuniziert und dokumentiert werden. Insbesondere durch die BIM-basierte Erstellung von Ökobilanzen, materiellen Gebäudepässen, der Berechnung von Lebenszykluskosten sowie die Durchführung von Simulationen, existieren bereits heute schon viele Lösungsansätze, die viele Mehrwerte für nachhaltiges Planen, Bauen, Betreiben, Sanieren und Rückbauen eröffnen.

In dem vorliegenden *essential* wird daher der aktuelle Status Quo von Einsatzmöglichkeiten in der Praxis bezüglich der Anwendung der BIM Methode im nachhaltigen Bauen thematisiert. Ziel ist es eine Verschmelzung von BIM und Nachhaltigkeit zu fördern, indem wichtige Anforderungen an BIM Prozesse und Modelle, aktuell entstehende Workflows sowie deren Mehrwerte aufgezeigt werden. Dadurch soll übergeordnet auch ein Beitrag geleistet werden, die noch geringfügig angewandten und zudem sehr getrennt betrachteten Fachbereiche von BIM und Nachhaltigkeit zusammenhängend umzusetzen.

---

[1] In diesem Essential werden die Begriffe „Daten" und „Informationen" verwendet. Daten beschreiben hierbei Variablen, die ohne Hilfsmittel nicht interpretiert werden können. Informationen stellen Daten dar, die in einen Kontext gesetzt werden und somit interpretierbar sind.

Nachhaltigkeit im Bauwesen

2

Das nachfolgende Kapitel thematisiert kurz die Einordnung des Nachhaltigkeitsbegriffes innerhalb des Bau- und Gebäudesektors. Ausgehend von gesetzlichen und förderrechtlichen Vorgaben wird beschrieben, inwiefern weitere Nachhaltigkeitsanforderungen durch Zertifizierungssysteme gesetzt werden. Anschließend folgt die Beschreibung der Grundlagen relevanter Methoden zur Operationalisierung von Nachhaltigkeit im Bauwesen in Bezug auf eine derzeitige Anwendung mit der BIM-Methode.

2.1 Nachhaltigkeitsbegriff

Die Herkunft der Bezeichnung „Nachhaltigkeit" ist auf Hans Carl von Carlowitz im Jahr 1713 zurückzuführen. Im Hinblick auf eine mögliche Rohstoffkrise erklärte von Carlowitz in seinem Buch „Sylvicultura oeconomica", dass nur so viel Holz geschlagen werden soll, wie nachwachsen kann [3]. Mit dem „Brundtland-Bericht" im Jahr 1987 veröffentlichte die Weltkommission für Umwelt und Entwicklung der Vereinten Nationen (UN) die heutige Definition einer nachhaltigen Entwicklung [4]. Nach dieser ist Handeln dann nachhaltig, wenn es die Wahl- und Gestaltungsmöglichkeiten zukünftiger Generationen nicht einschränkt. Aufbauend auf den Brundtland-Bericht und der UN-Konferenz in Rio de Janeiro im Jahr 1992 etablierte sich weiter die Aufteilung der Nachhaltigkeit in drei Dimensionen, sodass ökologische, ökonomische und soziokulturelle Aspekte gleichwertig und gleichzeitig angestrebt werden sollten. Dieser Leitgedanke wurde im Jahr 1998 im deutschen Bundestag von der Enquete-Kommission weiter fortgeführt. Im Jahr 2001 wurde diese Definition auch auf das nachhaltige Bauen übertragen und im Leitfaden für Nachhaltiges Bauen veröffentlicht, der seitdem permanent aktualisiert wird [5].

N. Bartels et al., *Anwendung der BIM-Methode im nachhaltigen Bauen*, essentials, https://doi.org/10.1007/978-3-658-36502-8_2

2.2 Anforderungen nachhaltige Gebäude

Seitdem hat der Begriff Nachhaltigkeit auch in der Bau- und Immobilienbranche weiter an Bedeutung gewonnen. Vor dem Hintergrund, dass die Branche ein Schlüsselsektor zur Erreichung globaler Klimaschutzziele ist und sich zusätzlich angesichts des Wirtschaftswachstums, des demographischen Wandels und steigender Komfortanforderungen als große Herausforderung im Rahmen einer nachhaltigen Entwicklung darstellt, ergeben sich eine Vielzahl von Anforderungen an und Wechselwirkungen mit „Nachhaltigkeit" von Gebäuden. Diese gilt es ganzheitlich zu betrachten. Konkret sollten zukunftsfähige Gebäude gleichbedeutend und ganzheitlich ökonomische, ökologische und soziokulturelle Aspekte beachten, Diese stehen jedoch häufig in einem vermeintlichen Spannungsfeld, z. B. hohe ökologische Qualität vs. geringen Kostenaufwand.

Dies ist einer der Hauptgründe, warum die Begrifflichkeit nachhaltiges Bauen häufig eingeschränkt betrachtet und vorwiegend mit energetischen Aspekten assoziiert wird. Dies spiegelt sich auch in gesetzlichen Anforderungen wider. Somit werden beim Bau und Betrieb von Gebäuden im Kontext einer Nachhaltigkeitsbetrachtung bislang oft die Maßnahmen zur Reduzierung der CO_2-Emissionen und Umweltwirkungen bei möglichst kostengünstiger Umsetzung vorrangig betrachtet. Eine Vielzahl der Anforderungen an ein Gebäude im Sinne der gebräuchlichen drei Dimensionen der Nachhaltigkeit werden daher i. d. R. kaum berücksichtigt.

Dieses *essential* kann ebenfalls nicht alle Themen bearbeiten und fokussiert daher jene Themen der Nachhaltigkeit, die derzeit am meisten Anwendungen der BIM-Methode aufweisen (siehe dazu Kap. 5). In der nachfolgenden Abb. 2.1 sind Beispiele für Zielvorgaben innerhalb der Dimensionen der Nachhaltigkeit und deren Schnittstellen zur BIM-Methode aufgelistet. Die markierten Zielvorgaben zeigen den Fokus dieses *essentials* auf. Den Zielvorgaben werden Bewertungsmethoden und Berechnungswerkzeuge zugeordnet, die für dieses Essential die relevanten BIM-Anwendungsfälle aus Sicht der Nachhaltigkeit darstellen. Anhand dieser gliedert sich die weitere Kapitelstruktur dieses *essentials*.

2.2.1 Gesetzliche und förderrechtliche Vorgaben

Die europäische Richtlinie über die Gesamtenergieeffizienz von Gebäuden (Energy Performance Buildings Directive – EPBD) 2018/844 [6], die 2018 in Kraft getreten ist und aktuell überarbeitet wird, verpflichtet die EU-Länder Vorgaben der EPBD innerhalb von 20 Monaten in nationales Recht umsetzen. Die

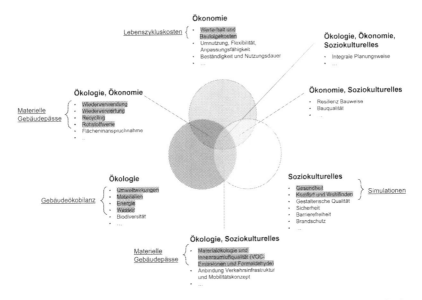

Abb. 2.1 Anforderungen an nachhaltige Gebäude und deren Fokussierung mit BIM in der vorliegenden Ausgabe

Bundesregierung hat dazu unter anderem mit einer Zusammenlegung des Energieeinsparungsgesetz, der Energieeinsparungsverordnung und dem Erneuerbare-Energien-Wärmegesetz zu einem „GebäudeEnergieGesetz" (GEG) reagiert. Das GEG definiert vorwiegend energetische Anforderungen in den Bereichen Gebäudesanierung und Neubau sowie den Einsatz von Erneuerbaren Energien. Eine lebenszyklusübergreifende Betrachtung in Hinblick auf die weiteren Themen des nachhaltigen Bauens existiert aktuell jedoch nicht. Im Jahr 2022 wird jedoch eine Novellierung des GEG vorgenommen bei der mit Verschärfungen diesbezüglich zu rechnen ist.

Innerhalb der neuen „Bundesförderung für effiziente Gebäude (BEG)", die für alle Wohn- und Nichtwohngebäude möglich ist, wurde nun erstmalig der Lebenszyklusansatz des Nachhaltigen Bauens über die Einführung einer Nachhaltigkeitsklasse (NH-Klasse) stärker berücksichtigt. Das dabei im BEG zugrunde liegende Qualitätssiegel Nachhaltiges Gebäude (QNG) fungiert als ein staatliches Gütesiegel für Gebäude, das vom Bundesministerium des Innern, für Bau und Heimat (BMI) als Siegelgeber über akkreditierte Zertifizierungsstellen ausgestellt wird. Die Struktur des QNG ähnelt den bekannten Zertifizierungssystem für

nachhaltige Gebäude (s. Abschn. 2.2.3). Damit gehen nun nationale förderrecht-
liche Anforderungen an das nachhaltige Bauen über Energieeffizienz und den
Einsatz von erneuerbaren Energien hinaus, um beispielsweise CO_2 Emissionen
lebenszyklusübergreifend zu berücksichtigen.

In einer ähnlichen Art und Weise wie die drei Dimensionen der Nachhal-
tigkeit existiert für den Finanzmarkt bzw. für nachhaltige (finanzielle) Anlagen,
ein Ratingsystem nach den Prinzipien: Environmental, Social and Governance
(ESG). Die EU entwickelt daran angelehnt nun im Rahmen des European Green
Deals für eine Vergleichbarkeit und Einordnung hinsichtlich Nachhaltigkeit von
Finanzprodukten bzw. wirtschaftlichen Aktivitäten ein Klassifizierungssystem, die
sogenannte EU-Taxonomie. Konkret ist die Taxonomie damit ein Teil des von der
Europäischen Union verabschiedeten „Aktionsplan: Finanzierung nachhaltigen
Wachstums", dessen Zielsetzung die Lenkung von Finanzströmen in nachhaltige
Investitionen ist, um die Ziele des Pariser Klimaabkommen einzuhalten. Dabei
werden auch für den Bau- und Immobiliensektor Bewertungskriterien geschaffen, um Investitionen in diesem Sektor einheitlich klassifizieren zu können und
damit die Transformation des Sektors durch Dekarbonisierung und Kreislaufwirtschaft zu fördern. Hierbei handelt es sich nicht um den ganzen Sektor, sondern
konkret um Finanzprodukte in Form von Immobilien die als nachhaltig gemäß
EU-Taxonomie gelten wollen. Während zunächst für das „E" in ESG sechs
Umweltziele mit technischen Überprüfungskriterien definiert wurden, sollen für
das „S" und „G" in den nächsten Jahren weitere Standards folgen.

Mit der sogenannten EU-Offenlegungsverordnung wird der rechtliche Rahmen
definiert nach dem Finanzmarktteilnehmer, wie z. B. Finanzinstitute, Investoren
und Unternehmen mit „nicht-finanziellen Offenlegungspflichten", transparent die
Informationen bezüglich der definierten ESG-Überprüfungskriterien beim Neubau, Sanierungen, Einzelmaßnahmen und Dienstleistungen sowie Eigentum und
Erwerb darzulegen haben. Konkret wird beispielsweise für die Aktivität des Neu-
baus neben einer bestimmten energetischen Performance für den Gebäudebetrieb
auch eine lebenszyklusübergreifende Betrachtung der CO_2-Emissionen gefordert.
Weitere Anforderungen an eine Immobilie werden in puncto einer ressour-
ceneffizienten, zirkulären Bauweise gestellt. Ebenfalls werden auch Risiko- bzw.
Schadstoffanforderungen formuliert, z. B. VOC-Emissionen und Formaldehyde,
die bei der Wahl von Materialien beachtet werden müssen.

2.2.2 Relevante Normen und Standards

Innerhalb des Bau- und Gebäudesektors bestehen, abgesehen von derzeit existierenden Regulatorik und Förderanforderungen, zahlreiche Standardisierungen in Form von Normen, die häufig als wichtige Grundlage in der Gesetzgebung und Förderung dienen. Gleichermaßen dienen diese Normen auch für Zertifizierungssysteme als Basis. Tab. 2.1 gibt einen Überblick über die relevanten Normen.

2.2.3 Relevante Zertifizierungssysteme für nachhaltige Gebäude

Vor rund 30 Jahren entstanden die ersten Zertifizierungssysteme zur Messbarkeit und Bewertbarkeit der Nachhaltigkeit von Gebäuden. Sie gehen über die Einhaltung von vorhandenen Mindeststandards bestehender Gesetze hinaus und ermöglichen auf freiwilliger Basis eine Zertifizierung von Gebäuden im Einklang mit den Standards des nachhaltigen Bauens. Zudem stellen die Zertifizierungssysteme ein Kommunikationstool und Steuerungsinstrument zu mehr Nachhaltigkeit im Gebäudesektor dar. Sie definieren eine Vielzahl an Bewertungsindikatoren, die den Anforderungen an eine nachhaltige Gestaltung von Gebäuden gerecht werden. Die Bedeutung von Gebäudezertifizierungen hat in den letzten Jahren einen Aufschwung erlebt, der zukünftig weiter anhalten wird [7]. Die wichtigsten Systeme in Betracht auf dem deutschen Markt, sind

- das 1990 als weltweit erstes entwickelte System „Building Research Establishment Environmental Assessment Method" (BREEAM),
- das 1998 entwickelte und heute am weitesten verbreiteten System „Leadership in Energy and Environmental Design" (LEED) sowie
- das 2009 für Deutschland entwickelte System der Deutschen Gesellschaft für Nachhaltiges Bauen (DGNB) und
- das 2009 für öffentliche Gebäude eingeführte Bewertungssystem Nachhaltiges Bauen (BNB).

Die deutschen Systeme orientieren sich bei der Betrachtung von Nachhaltigkeit an der DIN EN 15643 und gliedern dementsprechend die Bereiche und Anforderungen für nachhaltiges Bauen. Neben den genannten Systemen existieren noch viele weitere Zertifizierungssysteme, die jedoch meist gegenüber den genannten Systemen nur im nationalen Kontext Anwendungen finden oder andere spezielle

Tab. 2.1 Relevante Normen im Bereich des nachhaltigen Bauens

Norm	Bezeichnung	Kurzbeschreibung und Einordnung für die zu entwickelnde Bewertungsmethodik
	Konzeptionelle Ebene	
ISO 15392	Nachhaltiges Bauen – Allgemeine Grundsätze	In dieser Norm werden Schutzziele definiert, die zur Entwicklung von Bewertungskriterien dienen. Das Leitbild des nachhaltigen Bauens bezieht sich auf Schutzgüter der Umwelt (Ökologie), Wirtschaft (Ökonomie) und Gesellschaft (Soziokulturelles) als Schutzziele
DIN EN 15643-1	Nachhaltigkeit von Bauwerken – Allgemeine Rahmenbedingungen zur Bewertung von Gebäuden und Ingenieurbauwerken	Die Norm stellt ein System zur Nachhaltigkeitsbewertung von Gebäuden durch Anwendung eines Lebenszyklusansatzes auf Basis der Schutzziele der ISO 15392 bereit. Es wird eine Einteilung in die drei Nachhaltigkeitsdimensionen (Ökologie, Ökonomie, Soziales) sowie den zwei Querschnittsdimensionen der technischen und Prozessqualität vorgenommen. Diese dienen als Grundlage bei der Bewertung der umweltbezogenen, sozialen und ökonomischen Qualität eines Bauwerks
	Gebäudeebene	
DIN EN 15978	Nachhaltigkeit von Bauwerken – Bewertung der umweltbezogenen Qualität von Gebäuden	Die Norm stellt eine auf der Ökobilanz und anderen quantifizierten Umweltdaten basierende Berechnungsmethode bereit. Dazu wird der Lebenszyklusansatz herangezogen und die einzubeziehenden Umweltwirkungen in Modulen ausgewiesen

(Fortsetzung)

Tab. 2.1 (Fortsetzung)

Norm	Bezeichnung	Kurzbeschreibung und Einordnung für die zu entwickelnde Bewertungsmethodik
DIN EN 16309	Nachhaltigkeit von Bauwerken – Bewertung der sozialen Qualität von Gebäuden	Die Norm stellt spezielle Verfahren und Anforderungen für die Bewertung der sozialen Qualität von Gebäuden zur Verfügung. Da es sich um eine Erstfassung handelt, fokussiert diese Norm bisher lediglich die Bewertung von Aspekten und Auswirkungen während der Nutzungsphase. Jedoch werden im Anhang C Indikatoren beschrieben, die für die Bewertung der Herkunft von Materialien und der dazu notwendigen Dienstleistungen genutzt werden können
DIN EN 16627	Nachhaltigkeit von Bauwerken – Bewertung der ökonomischen Qualität von Gebäuden	Die Norm legt, basierend auf den Lebenszykluskosten, und anderen quantifizierten ökonomischen Daten, Berechnungsmethoden über den gesamten Lebenszyklus fest
	Produktebene	
DIN EN 15804	Nachhaltigkeit von Bauwerken – Umweltproduktdeklarationen – Grundregeln für die Produktkategorie Bauprodukte	Diese Norm liefert grundlegende Produktkategorieregeln zur Deklaration von Bauprodukten und Bauleistungen aller Art. Sie standardisiert dabei, welche Umweltwirkungen in welchen Phasen des Lebenszyklusansatzes betrachtet werden müssen. Insgesamt werden 38 Indikatoren zu Umweltwirkungen, Ressourcenverbrauch, Feinstaubemissionen, etc. definiert. Bislang existiert nur im Bereich der ökologischen Dimension eine solche konkrete Orientierung auf Produktebene

Schwerpunkte setzten. Eines dieser Systeme ist das WELL System, das 2014 vom International WELL Building Institute (IWBI) eingeführt wurde und sich primär auf die Gesundheit und das Wohlbefinden von Menschen konzentriert.

Ein inhaltlicher Vergleich hinsichtlich der drei Dimensionen der Nachhaltigkeit zeigt die Berücksichtigung und Gewichtung zwischen BREEAM, LEED, DGNB/BNB und WELL. Während DGNB und BNB als Zertifizierungssysteme Systeme der zweiten Generation eine nahezu gleiche Gewichtung fokussieren, legen LEED und BREEAM als Systeme der ersten Generation einen starken Fokus auf ökologische Inhalte. WELL bezieht sich mit dem Schwerpunkt auf Gesundheit und Wohlbefinden hauptsächlich auf die soziokulturelle Dimension (s. Abb. 2.2).

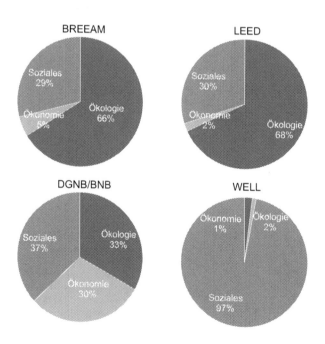

Abb. 2.2 Inhaltlicher Vergleich der drei Dimensionen der Nachhaltigkeit ausgewählter Zertifizierungssysteme. (In Anlehnung an [7])

2.3 Operationalisierung von Nachhaltigkeit im Bauwesen

In diesem Abschnitt werden die Grundlagen zu den Methoden der Operationalisierung im nachhaltigen Bauen beschrieben.

2.3.1 Gebäudeökobilanz

Eine Ökobilanz bezeichnet eine Methode, die darauf abzielt Auskunft über den Einfluss eines Produktes oder Verfahrens auf die Umwelt über seinen Lebenszyklus zu erteilen. So können Umweltwirkungen in den verschiedenen Phasen des Lebenszyklus messbar und vergleichbar gemacht werden. Die ISO 14040 und 14044 beschreiben die wichtigsten Prinzipien und die Struktur zur Durchführung und Empfehlungen, wie das Verfahren zur Bewertung einer Ökobilanz durchgeführt werden soll. Dort findet auch der im internationalen Sprachgebrauch häufiger gebrauchte englische Begriff Life Cycle Assessment (LCA, dt. Lebenszyklusanalyse) Anwendung. Das Bauwesen bedient sich ebenfalls der Methode der Ökobilanz, um über die reine Betrachtung der Betriebsphase von Gebäuden auch die materialgebundenen bzw. grauen Umweltwirkungen der Materialien zu untersuchen, wie in Abb. 2.3 dargestellt.

Die Durchführung von Gebäudeökobilanzen kann in mehreren Projektphasen angewendet werden und verfolgt dabei unterschiedliche Zielsetzungen. Derzeit zeichnet sich ein Stand in der nationalen Forschung und Normung ab, bei der die Gebäudeökobilanz in vier (BIM)-Unteranwendungsfälle entlang der Projektphasen eingeteilt wird [8]:

- Vorstudie – Definition von Anforderungen: Zu Beginn können bei der Bedarfs- bzw. Grundlagenplanung mithilfe der Ökobilanz Zieledefinitionen zum Klima-Umweltschutz des Gebäudes untersucht und festgelegt werden. Beispielswiese bei der Untersuchung über die CO_2-Einsparungen, wenn der Rohbau eines Bestandobjekts erhalten werden soll.
- Konzeptuelle Ökobilanz: In der Vor- und Entwurfsplanung lässt sich die Ökobilanz beispielsweise für Varianten- bzw. Konzeptvergleiche von Geometrie, Bauarten, TGA-Konzepten oder auch einzelner Vergleiche von Bauteilen und Materialien nutzen.

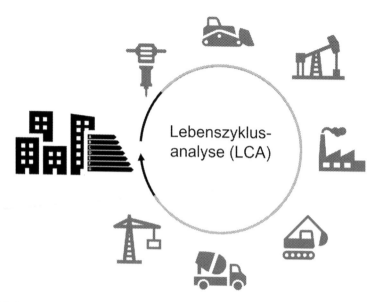

Abb. 2.3 Betrachtungsrahmen von Ökobilanzen im Bauwesen

- Detaillierte Gebäudeökobilanz: Der Stand der Ausführungsplanung bietet mit konkreten Informationen über Materialien, etc. eine Basis für eine detaillierte Gebäudeökobilanz. Während strukturelle Entscheidung bereits getroffen worden, bietet die Anwendung der Ökobilanz hier i. d. R. nur noch Optimierungspotenzial bei beispielsweise Vergleichen von Materialien und Herstellerprodukten.

- As-built Gebäudeökobilanz: Mit der Fertigstellung des Gebäudes liegt idealerweise eine as-built Dokumenation vor, die für eine Gebäudeökobilanz im Rahmen einer Nachhaltigkeitszertifizierung und Reporting, z. B. gemäß DGNB/BNB/QNG oder den EU-Taxonomieanforderungen, verwendet werden kann.

Generell ist die Durchführung einer Ökobilanz normiert (s. Abb. 2.4). Während die DIN EN 15978 die Grundlage für die Gebäudeökobilanzierung bildet, definiert die DIN EN 15804 Produktkategorieregeln für die Umweltproduktdeklarationen von Bauprodukten. Die DIN EN 15804 standardisiert dabei u. a., welche Arten von Umweltwirkungen in welchen Phasen eines Lebenszyklus

Lebenszyklusphasen eines Gebäudes																
Herstellung			Errichtung		Nutzung							Entsorgung				Gutschriften
Rohstoffbereitstellung	Transport	Herstellung	Transport	Bau / Einbau	Nutzung	Inspektion, Wartung	Reinigung	Reparatur	Austausch, Einsatz	Verbesserung, Modernisierung / Betrieblicher Energieeinsatz	Betrieblicher Wassereinsatz	Abbruch	Transport	Abfallbewirtschaftung	Deponierung	Wiederverwendungs-, Rückgewinnungs-, Recyclingpotenzial
A1	A2	A3	A4	A5	B1	B2	B3	B4	B5	B6	B7	C1	C2	C3	C4	D
Lebenszyklusmodule																
Cradle to gate	E	E	E														
Cradle to gate (mit Optionen)	E	E	E	O	O	O	O	O	O	O	O	O	O	O	O	O	O
Cradle to grave	E	E	E	E	E	E	E	E	E	E	E	E	E	E	E	E	O
DGNB-System	E	E	E	/	/	/	/	/	(/)¹	/	E	/	/	/	E	E	E
BNB-System	E	E	E	/	/	/	/	/	(/)¹	/	E	/	/	/	E	E	/

E= Erforderlich
O= Optional
1) beinhaltet nur die Herstellung und Entsorgung des ausgetauschten Produkts, nicht den Austauschprozess selbst (analog Bauprozess)

Abb. 2.4 Einteilung von Lebenszyklusphasen und Lebenszyklusmodule gemäß DIN EN 15804 sowie deren unterschiedliche Berücksichtigung in DGNB, BNB und QNG

betrachtet werden müssen. Insgesamt werden aktuell 38 verschiedene Umweltindikatoren definiert, die in den Lebenszyklusphasen: Herstellungsphase (A1-A3), Errichtungsphase (A4-5), Nutzungsphase (B1-7) und Entsorgungsphase (C1-4) bereitgestellt werden [9]. Ergänzt werden die Phasen mit einem Modul D, welches Informationen zur Wiederverwendung, Rückgewinnung oder Recycling außerhalb des Lebenszyklus und den Systemgrenzen (von der Wiege bis zur Bahre, engl. cradle to grave) bilanziert. Das Modul D wird durch die festgesetzte Bilanzierungsgrenze der Norm nicht in der Berechnung der Umweltauswirkungen berücksichtigt, sondern muss lediglich informativ dargestellt werden.

Bei einer Gebäudezertifizierung nach DGNB werden aufbauend auf der DIN 15978 und der 15804 weitere spezifische Anforderungen definiert. Gemäß dieser müssen die Lebenszyklusmodule A1-A3, B4, B6 und C3-C4 sowie das Modul D berechnet werden (s. Abb. 2.4). Beim BNB und QNG-System wird das Modul D nicht in der Bilanzierung berücksichtigt. Bei diesen Systemen muss dieses Modul informativ angegeben werden. Bewertende Umweltindikatoren innerhalb der DGNB Markt-Version 2018 (8. Auflage) sind das Treibhauspotential, Ozonbildungspotenzial, Versauerungspotenzial, Überdüngungspotenzial, der nicht erneuerbarer Primärenergiebedarf, der Gesamtprimärenergiebedarf und der Anteil erneuerbarer Primärenergie. Informativ müssen die Indikatoren Ozonschichtabbaupotenzial, Abiotischer Ressourcenverbrauch und Wasserverbrauch

Frischwasser dargestellt werden [10]. Als Datengrundlage sind allgemein DIN EN 15804 bzw. ISO 14025 konforme Datensätze zulässig. Hierbei sollen spezifische Produktdatensätze (EPD) bevorzugt werden. Sollten diese nicht vorhanden sein, können generische Datensätze der ÖKOBAUDAT Version 2016 I oder neuer verwendet werden.

Die Technische Gebäudeausrüstung (TGA) kann innerhalb der Gebäudeökobilanz der DGNB-Systematik mit den zwei unterschiedlichen Rechenverfahren, vereinfachtes Verfahren (VeV) und das vollständige Verfahren (VoV), bilanziert werden. Während das VoV grundsätzlich eine vollumfängliche Einbeziehung aller Bauteile der Kostengruppen (KG) 300 Bauwerk – Baukonstruktionen und 400 Bauwerk – Technische Anlagen gemäß DIN 276 vorgibt, erlaubt das VeV eine Beschränkung auf acht wesentliche Bauteilgruppen der KG 300/400. Als Ausgleich für diese Vereinfachung muss das Ergebnis der Umweltwirkungen in den einzelnen Lebenszyklusphasen mit dem Faktor 1,2 multipliziert also mit einem 20-%igen Aufschlag „verschlechtert" werden. Wenn im Kriterium Einsatz und Integration von Gebäudetechnik (TEC1.4) im Indikator Passive Systeme umfangreiche passive Maßnahmen angerechnet und anerkannt werden, kann der Faktor 1,2 im vereinfachten Verfahren auf einen Faktor 1,1 für passive Gebäude abgesenkt werden [10]. Innerhalb der DGNB-Anforderungen wird zudem ein Betrachtungszeitraum von 50 Jahren festgelegt. Davon ausgenommen sind die Nutzungsprofile Logistik und Produktion, bei denen ein abweichender Betrachtungszeitraum von 20 Jahren anzusetzen ist. Um das Modul B4 „Austausch" bilanzieren zu können, werden die Umweltwirkungen von Bauprodukten die eine kürzere Nutzungsdauer als der festgelegte Betrachtungszeitraum von 50 Jahren haben, pro Austausch erneut bilanziert. Die Nutzungsdauern der Baukonstruktion (KG 300) werden aus dem Dokument „Nutzungsdauern des Bewertungssystem Nachhaltiges Bauen" [11] entnommen. Für die Nutzungsdauern der TGA (KG 400) gilt die VDI 2067 [12].

2.3.2 Materielle Gebäudepässe

Die Zugänglichkeit und der Austausch von Informationen von Bauprodukten und der technischen Gebäudeausrüstung ist unerlässlich, um Gebäude nach den Prinzipien einer Kreislaufwirtschaft zu konstruieren. Ein Konzept, das diese Transparenz bietet, ist der materielle Gebäudepass (MGP), engl. Material Passport. Durch den MGP werden qualitative und quantitative Bewertungen bzw. Optimierung zur Zirkularität und Schadstoffen sowie eine Inventarisierung der materiellen Zusammensetzung als auch ökologische Bilanzierungen vereint [13].

Zusätzlich können anhand von MGP auch die finanziellen Rohstoffrestwerte abgeschätzt und ausgewiesen werden. Derzeit existiert jedoch noch keine einheitliche Definition bzw. Standardisierung zu dem Konzept des MGP und deren weiteren Begrifflichkeiten bzw. genaueren Unterscheidung eines MGP. Einschlägige Literaturanalysen zeigen aber, dass eine Unterscheidung der funktionalen Ebenen von Materialpässen sinnvoll ist [14, 15]. Grundlegend lässt sich so beispielsweise unterscheiden nach: Gebäude-, Bauteil-, Bauprodukt- und Materialpass.

Ein MGP kann über den Lebenszyklus von Gebäuden viele verschiedene Funktionen einnehmen und unterschiedliche Mehrwerte generieren: Bauprodukthersteller können mit Material- oder Bauproduktpass wichtige Informationen, über beispielsweise Anteil von Sekundärstoffen, strukturiert und einheitlich zur Verfügung stellen (s. Abb. 2.5).

In der Planung kann dann der MGP als ein Optimierungswerkzeug in Hinsicht auf den Einsatz von kreislauffähigen bzw. zirkulären Baustoffen aber auch

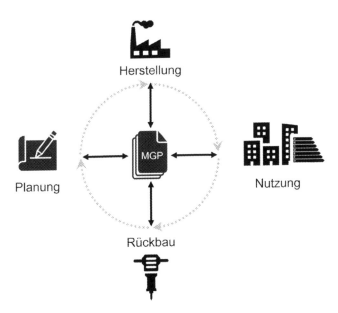

Herstellung

Planung

MGP

Nutzung

Rückbau

Abb. 2.5 Die verschiedenen Anwendungsmöglichkeiten des MGP Konzept über den Lebenszyklus von Gebäuden

Bauweisen dienen.[1] Als as-built Dokumentation nach Fertigstellung des Gebäudes beinhaltet der MGP für die Nutzungsphase wichtige Informationen, um Wartungs- und Instandhaltungsprozesse, zu erleichtern. Am Ende des Lebenszyklus erweist sich der MGP als detaillierte Dokumentationsquelle von Nutzen, da er Sanierungen, Um- und Rückbau im Sinne des Urban Mining effizienter ermöglicht.

Die Daten, die ein MGP enthalten kann, sind daher recht umfangreich, vielfältig und richten sich derzeit, aufgrund eines noch fehlenden Standards, nach dem Aufbau und Bewertungsrahmen des individuellen Erstellerkonzepts eines MGP. In Bezug auf den deutschen Raum sind derzeit insbesondere folgende MGP Konzepte vertreten: Der Building Circularity Passport [16], der Concular Materialpass [17] und der Madaster Material Passport [18]. Weitere Konzepte aus der Forschung liefern die Forschungsprojekte „Building as Material Banks" (BAMB) [19] sowie „BIMaterial" [13].

Bei der Bewertung der Zirkularität innerhalb eines MGP basieren diese MGP Konzepte dabei auf verschiedenen Methoden, um auf Gebäude-, Bauteil-, Bauprodukt- und Materialebene die Zirkularität bewerten zu können. Weitere Methoden, die die Zirkularität im Bauwesen bewerten und messbar machen, sind beispielsweise das DGNB TEC 1.6 Kriterium zur Rückbaubarkeit und Recyclingfreundlichkeit [10], der Urban Mining Index (UMI) [20] und der ILEK RecyclingGraphEditor [21]. In Hinblick auf eine BIM Implementierung, die diese Veröffentlichung als *essential* fokussiert, werden diese aufgrund ihrer bisherigen BIM losgelösten Anwendung im weiteren Verlauf nicht weiter betrachtet.

Im Bereich der Schad- und Risikostoffbewertung eines MGP existierten nur sehr wenige Lösungsansätze. Der Building Circularity Passport bewertet beispielsweise in welchem Maß nachweislich verbesserte Inhaltsstoffe gegenüber dem Industriestandard eingesetzt werden und ob Inhaltsstoffe die auf der Cradle to Cradle Certified Banned List of Chemicals [22] stehen, ausgeschlossen wurden. Weitere Betrachtungen und Anforderungen zur Schad- und Risikostoffbewertung sind durch die Anforderungen von Zertifizierungssystemen in Deutschland, wie z. B. dem DGNB und BNB-System sowie dem WELL System definiert. Hierbei werden auch die REACH Anforderungen der EU sowie bestehende Standards,

---

[1] Hiermit sind vereinfacht Baustoffe und Bauprodukte gemeint, die einerseits bei der Materialherstellung bereits recycelte, wiederverwendete und/oder erneuerbare Anteile aufweisen. Andererseits definieren sich zirkuläre Baustoffe und Bauprodukte ebenfalls durch eine langlebige Nutzungsdauer sowie einer direkten Wiederverwendung oder einem hochwertigen Recycling (Upcycling). In puncto zirkulären Bauweisen ist auf eine leichte Demontagefähigkeit und Rückbaubarkeit zu achten.

wie z. B. Blauer Engel, berücksichtigt. Allerdings ist bislang nur aus der Forschung ein Lösungsansatz bekannt, der die Integration der DGNB Anforderungen
zur Schad- und Risikostoffbewertung mit BIM anstrebt [23].

Insofern Ökobilanzen parallel zu der Zirkularität und Schad- und Risikostoffbewertung innerhalb eines MGP berücksichtigt werden, wird dabei Bezug auf die
Standards der DIN EN 15978/15804 und der Anwendung der Berechnungsregeln
von Zertifizierungssystemen, z. B. nach DGNB, genommen.

2.3.3 Lebenszykluskosten

Die Lebenszykluskostenanalyse betrachtet den gesamten Kostenfluss im Lebenszyklus einer Immobilie. Durch diese Betrachtungsweise werden nicht nur die
Investitionskosten zum Zeitpunkt t_0 betrachtet, sondern alle anfallenden Kosten im Zusammenhang mit dem Erwerb und Nutzung eines Gebäudes. Die
Lebenszykluskosten („life cycle cost") unterteilen sich in Investitionskosten, Nutzungskosten und Kosten für den Rückbau [5]. Die Investitionskosten beschreiben
das Kapital, das zum Bau der Immobilie eingesetzt wird. Nutzungskosten beinhalten die Betriebskosten, Kosten für die Instandhaltung und Kosten für eventueller
Austauschinvestitionen der Immobilie. Die Kosten für den Rückbau beschreiben
die Kosten für den Abriss und Rückbau der Immobilie [5]. Allgemein erfolgt
die Kostenaufstellung für die Herstellung eines Gebäudes nach der DIN 276-
1:2018-12 (Kosten im Bauwesen – Teil 1: Hochbau), der DIN 18960:2020-11
(Nutzungskosten im Hochbau) [24] und der VDI 2067-Blatt 1 (Wirtschaftlichkeit
gebäudetechnischer Anlagen – Grundlagen und Kostenberechnung) [25]. Eine
einheitliche Normung der Lebenszykluskostenberechnung gibt es jedoch momen-
tan nicht in Deutschland. International kann jedoch die ISO 15686-5:2017-07
(Hochbau und Bauwerke – Planung der Lebensdauer – Teil 5: Kostenberechnung
für die Gesamtlebensdauer) angewendet warden [26]. Um eine detaillierte Kostenermittlung für die Höhe der Investition zu erhalten, ist die DIN 276-1:2018-12
in folgende Kostengruppen (KG) aufgeteilt [27]:

- KG 100   Grundstück
- KG 200   Herrichten und Erschließen
- KG 300   Bauwerk-Baukonstruktion
- KG 400   Bauwerk-Technische Anlagen
- KG 500   Außenanlagen
- KG 600   Ausstattung und Kunstwerke
- KG 700   Baunebenkosten.

Die DIN 18960:2020-11 wird ebenfalls in Kostengruppen unterteilt [24]:

- KG 100   Kapitalkosten
- KG 200   Objektmanagementkosten
- KG 300   Betriebskosten
- KG 400   Instandsetzungskosten.

Hierbei sei erwähnt, dass die Kostengruppen der DIN 276-1:2018-12 und DIN 18960:2020-11 nicht identisch sind und sich nicht aufeinander beziehen.

Als finanzmathematische Berechnungsmethode für die Lebenszykluskosten-analyse dienen die Methoden der Investitionsrechnung. Hierzu gibt es statische und dynamische Berechnungsmöglichkeiten. Zu den statischen Möglichkeiten zählen die Kostenvergleichsrechnung, die Gewinnvergleichsrechnung, die Rentabilitätsrechnung und die statische Amortisationsrechnung [28]. Zu den dynamischen Verfahren gehören die Kapitalwertmethode, die Annuitätenmethode, die interne Zinssatzmethode, die dynamische Amortisationsberechnung und die Methode des vollständigen Finanzplans [28]. Bei einer Nachhaltigkeitszertifizierung nach DGNB und BNB wird die Kapitalwertmethode eingesetzt. Bei der Barwertmethode wird der Wert einer in der Zukunft auftretenden Zahlung in der Gegenwart ermittelt. Dadurch werden Zahlungen die zu unterschiedlichen Zeitpunkten entstehen vergleichbar gemacht. Statische Methoden berücksichtigen keine zeitlichen Einflüsse und beurteilen weitestgehend nur Ausgaben im Verhältnis zu möglichen Erträgen. Aufgrund der einfachen Umsetzung dieser Methoden, werden diese überwiegend in der Praxis angewendet. Die dynamischen Methoden betrachten einen vorgegebenen Zeitraum, z. B. 50 Jahre. Alle anfallenden Kosten in dem Betrachtungszeitraum werden hierbei berücksichtigt. Dadurch werden Zahlungen zu unterschiedlichen Zeitpunkten vergleichbar.

In der VDI 2067 wird die Annuitätenmethode angewendet [25]. Hierbei wird der Kapitalwert in jährliche Zahlungen angegeben. Für diese jährlichen Zahlungen wird ein s.g. Annuitätenfaktor (lateinisch annus „Jahr") berechnet. Der Kapitalwert wird mit dem Annuitätenfaktor multipliziert, wodurch die jährliche Zahlung als Ergebnis folgt. Die Kostenermittlung für die Anlagentechnik unterteilt sich in folgende Kostengruppen und basiert auf der VDI 2067-Blatt 1:

- Kapitalgebundene Kosten
- Bedarfsgebundene Kosten
- Betriebsgebundene Kosten
- Sonstige Kosten
- Erlöse

Das Delta zwischen der Annuität der Einnahmen und der Summe aus kapital-, bedarfs-, betriebs- und sonstigen Annuitäten der Kosten ist die Gesamtannuität (A_N) aller Kosten einer Anlage. Zur Beurteilung der Wirtschaftlichkeit einer Anlage wird zwischen zwei Fällen unterschieden:

1. Erwirtschaftung von Erlösen durch z. B. Einspeisung von PV-Strom
2. Anlagen ohne Erlöse

Für einen wirtschaftlichen Betrieb der Anlage, muss beim ersten Fall A_N größer null sein (Annuität Erlöse > Annuität Kosten). Beim zweiten Fall ist die wirtschaftlichste Anlage diejenige, die die geringsten Kosten verursacht (A_N < 0).

2.3.4 Simulationen

Mit einer Simulation wird die Realität ausreichend genau in einem Modell dargestellt, damit komplexe Systeme vereinfacht und somit handhabbar werden. Grundsätzlich werden neben statischen Simulationen insbesondere dynamische Simulationen in der Bauindustrie durchgeführt und somit Prozesse und Abläufe über die Zeit modelliert. Mithilfe derartiger Simulationsmodelle werden verschiedene Problemstellungen untersucht, bspw. die Einhaltung gesetzlicher Randbedingungen oder die Nachweisführung für eine Gefahrensituation (bspw. Brandfall).

Es wird unter anderem das energetisch, thermische Verhalten eines Gebäudes oder von komplexen Systemen simuliert, bspw. mit dem Ziel Behaglichkeitskriterien zu erfüllen, energetische Potenziale zu optimieren oder umweltbezogene Rahmenbedingungen einzuhalten. Hierbei werden meist bauphysikalische, energetische Verläufe in Bauteilen, Räumen, abgegrenzten Zonen oder Gebäuden abgebildet. Zudem werden speziell für die Auslegung oder Prüfung von Bauteilen Feuchtesimulationen zur Beurteilung herangezogen. Um den visuellen Komfort vor Bauausführung nachweisen zu können, werden Lichtsimulationen (Tages- oder/und Kunstlichtsimulationen) vollzogen. Derart wird meist gleichzeitig der Strombedarf optimiert und bei gleichzeitiger thermischer Simulation der sommerliche Wärmeschutz nachgewiesen. Darüber hinaus wird für ein besseres Verständnis vorkommender Strömungen, sogenannte Computational Fluid Dynamics (CFD) Simulationen eingesetzt. Hierbei werden abermals mit numerischen Verfahren komplexe Zusammenhänge abgebildet [29].

Damit diese Modelle aufgebaut werden können, müssen umfangreiche Daten zur Verfügung stehen. Je nach Zielgröße müssen von allen Disziplinen Daten aggregiert und zweckmäßig zusammengeführt werden. Meist werden neben der Geometrie der Architektur, die bauphysikalischen Werte jedes einzelnen Materials benötigt. Weiterhin werden durch den Standort die externen Lasten und Gegebenheiten fixiert. Die Räume beinhalten Informationen wie interne Lasten und Bedarfe. Neben diesen Informationen werden von der Gebäudetechnik meist energetische, akustische oder thermische Daten für die Simulation benötigt. Diese und weitere Informationen dienen als Eingangsgröße für die Simulation [30].

Simulationen sind auf lokale Normen und Richtlinien beschränkt (z. B. DIN 18599, VOB) weswegen nur für Deutschland spezialisierte Tools (meist von nationalen Herstellern) eingesetzt werden. Im US-Amerikanischen Raum werden unter anderem Standards der American Society of Heating, Refrigerating and Air-Conditioning Engineers (ASHRAE) zur Berechnungsgrundlage benötigt, diese haben wiederum in Deutschland keine Gültigkeit [31].

Building Information Modeling

3

In diesem Kapitel werden die Grundlagen der Methode Building Information Modeling (BIM) dargestellt. Hierbei liegt der Fokus auf den Aspekten der BIM-Methode, die im Hinblick auf die Verknüpfung von BIM und Nachhaltigkeit relevant sind. Das vorliegende Kapitel beschäftigt sich deshalb mit allgemeinen Definitionen und damit verbundenen Begrifflichkeiten. Darüber hinaus werden die Industry Foundation Classes (IFC), die ein anerkanntes und offenes Datenformat darstellen, beschrieben, da diese einen wesentlichen Beitrag zur Integration von Nachhaltigkeitsaspekten in die BIM-Methodik leisten.

3.1 Grundlegende Begriffe

Der Begriff Building Information Modeling wird derzeit unterschiedlich definiert [32]. Dies liegt insbesondere daran, dass die einzelnen Fachdisziplinen und Softwarehersteller unterschiedliche Aspekte hervorheben, die für ihre jeweilige Leistungserbringung relevant sind [33]. So steht für Softwarehersteller insbesondere der technologische Ansatz, der auf die Nutzung von Softwareprodukten referenziert, im Vordergrund. Für Planungsbüros steht insbesondere die Nutzung von BIM für Planungsaspekte, z. B. dreidimensionale, architektonische Darstellung, im Vordergrund. Facility Management (FM) Unternehmen heben demgegenüber die Daten, die über den Lebenszyklus anfallen, hervor. In der Forschung und Lehre steht wiederum die Darstellung von Prozessen und offenen Schnittstellen im Fokus.

Bei Betrachtung der verschiedenen Definitionen ergeben sich nachfolgende Gemeinsamkeiten: BIM beschreibt eine Methode, die über den gesamten Lebenszyklus agiert. Hierbei verbindet BIM mithilfe von verschiedenen Technologien

einzelne Gebäudemodelle derart miteinander, dass ein interdisziplinärer Austausch zwischen allen fachlich Beteiligten ermöglicht wird. Die einzelnen Gebäudemodelle werden als Fachmodelle bezeichnet und werden durch die jeweilige
Disziplin erstellt und in regelmäßigen Abständen in einem Koordinationsmodell
zusammengeführt. Hierdurch wird eine kooperative Arbeitsweise geschaffen, die
ein digitales Gebäudemodell entstehen lässt, in dem alle relevanten Daten über
den gesamten Lebenszyklus enthalten und jederzeit abrufbar sind.

3.1.1 Open und Closed BIM

Die Methode BIM integriert verschiedene Software-Systeme. Neben den klassischen BIM-Softwaresystemen werden digitale Gebäudemodelle regelmäßig mit
anderen Softwareprodukten kombiniert, z. B. mit Gebäudeinformationssystemen,
Global Positioning Systemen oder Radio-Frequency Identification. Hierfür ist ein
Datenaustausch zwischen den einzelnen Softwaresystemen notwendig. Vor diesem Hintergrund wird im Rahmen der BIM-Methodik zwischen verschiedenen
Formen der Zusammenarbeit unterschieden:

- Open BIM – Diese BIM-Einsatzmethode verwendet zum Austausch von
  Daten zwischen unterschiedlichen Programmen lediglich publizierte For-
  mate. Dadurch soll gewährleistet werden, dass keine herstellerspezifischen
  Anwendungsrestriktionen in den Projekten vorherrschen.
- Closed BIM – Diese BIM-Einsatzmethode verwendet zum Austausch von
  Daten hingegen lediglich proprietäre Formate.
- Little BIM – Die BIM-Einsatzmethode wird lediglich in einem spezifi-
  schen Fachmodell eingesetzt. Es erfolgt keine disziplinübergreifende und
  lebenszyklusübergreifende Nutzung von BIM.
- Big BIM – Diese BIM-Einsatzmethode wird im Gegensatz zu Little BIM über
  verschiedene Fachmodelle hinweg eingesetzt. Damit erfolgt eine disziplinübergreifende und lebenszyklusübergreifende Nutzung von BIM.

Die vorgenannten Einsatzmethoden können, wie in der in Abb. 3.1 dargestellten
Matrix, miteinander kombiniert werden, sodass vier unterschiedliche Konzepte
für den Einsatz von BIM entstehen.

In der Praxis zeigt sich derzeit, dass vor allem die Closed BIM-Methoden
eingesetzt werden. Als Gründe werden aus der Praxis angeführt, dass

- Closed BIM Systeme häufig mit weniger Datenverlusten verbunden sind,

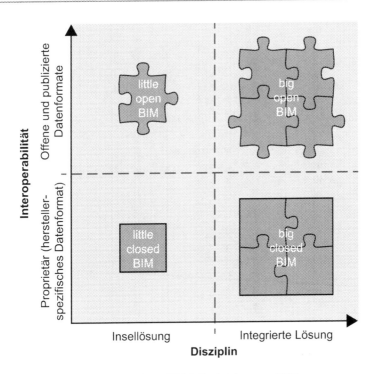

Abb. 3.1 Abgrenzung Open und Closed BIM. (In Anlehnung an [30])

- die Koordination der einzelnen Fachmodelle und damit die Erstellung des jeweiligen Fachmodells optimiert erfolgt, da aufgrund des identischen Datenformats Datenverluste durch eine Fehlinterpretation vermieden werden und
- Prozesse und Workflows bereits erprobt sind.

In der Literatur und Forschung wird jedoch Open BIM als Idealvorstellung der BIM-Methodik angesehen. Insbesondere die offenen Datenformate für Open BIM ermöglichen eine Datenzugänglichkeit über verschiedene Softwareprodukte hinweg. Darüber hinaus schafft Open BIM die Basis dafür, dass das Projektteam und die damit verbundene Kooperation individuell und auf das Bauprojekt bezogen eingestellt werden kann. Ein wesentlicher Vorteil von Open BIM liegt außerdem darin begründet, dass eine Marktmacht (sog. Vendor Lock) durch einzelne Softwarehersteller vermieden wird [34]. Auch für öffentliche Auftraggeber spielt

Open BIM eine entscheidende Rolle, da eine herstellerneutrale Ausschreibung erfolgen muss.

3.1.2 (multi-) Modellierung

Das Multimodellkonzept (engl. Multi model container (MMC)) beschreibt im Allgemeinen ein Konzept, in dem die Modelle nach einzelnen Fachdisziplinen aufgeteilt werden. Dieses Vorgehen ermöglicht es, dass die einzelnen Disziplinen in ihren Fachmodellen arbeiten können. Dies führt zu einer Effizienzsteigerung, die daraus resultiert, dass

1. zu hohe Datenmengen vermieden werden, da immer nur ein Teil des Modells bearbeitet wird,
2. Änderungen besser nachverfolgbar bleiben und
3. den einzelnen Fachdisziplinen nur die Klassen, Objekte, Attribute und Parameter angezeigt werden, die für sie relevant sind.

Durch das Multimodellkonzept wird es ermöglicht, dass eine Vielzahl von Fachmodellen miteinander kombiniert werden. Dies führt insbesondere dazu, dass neben den klassischen Fachmodellen, wie Tragwerksplanung oder Gebäudetechnik auch Aspekte der Nachhaltigkeit als Fachmodell in den Gesamtprozess integriert werden können. Abb. 3.2 veranschaulicht die MMC Methode. Aus

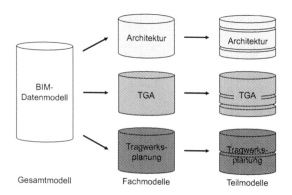

Abb. 3.2 Gliederung von Gesamtmodell, Fachmodellen und Teilmodellen. (In Anlehnung an [30])

einem Gesamtmodell werden bspw. fachspezifische Modelle (u. a. Tragwerks-planung oder Architektur), sogenannte Fachmodelle, abgeleitet. Diese werden wiederum funktionsspezifisch zu sogenannten Teilmodellen unterteilt (z. B. Bauabschnitte oder Etagen) [30].

Es existieren verschiedene Sichtweisen wie eine MMC-Methode umgesetzt werden kann.

3.1.3 Industry Foundation Classes (IFC)

Um verschiedene Modelle auszutauschen sind Datenaustauschformate notwendig. Das grundlegende Datenmodell bei der open BIM-Methode stellt hierfür das her-stellerneutrale Datenaustauschformat der IFC dar, das in der DIN EN ISO 16739 standardisiert ist [35]. Vereinfacht kann das IFC-Datenformat wie das PDF-Format interpretiert werden. Sollten bei einem Projekt unterschiedliche Formate (z. B. Word und Pages) zur Erstellung von Textdateien verwendet werden, kön-nen diese Texte mittels dem PDF-Format untereinander ausgetauscht und gelesen werden. Um diesen Austausch zu ermöglichen, werden in IFC die Attribute und Beziehungen definiert. Die erste IFC-Version (IFC 1.0) wurde im Jahr 1997 ver-öffentlicht [36]. Seitdem wird IFC durch buildingSMART fortgeschrieben und erweitert, aktuell existiert IFC 4 Add2 TC 1 (Stand 15.10.2021).

IFC beschreibt ein hierarchisch aufgebautes und objektorientiertes Datenfor-mat, wodurch Attribute auf untergeordnete Schichten vererbt werden können. Das IFC-Datenformat wird in seiner Architektur in vier Schichten (Layer) eingeteilt, die eine entsprechende Clusterung zur funktionalen Abgrenzung der einzelnen Klassen vorgeben. In den Layern befinden sich wiederum Spezifizierungen zu Domains (Konzepte für Anwendungsfälle, z. B. Architektur oder Tragwerk), Ele-menten (physikalische Produkte), Extensions (Control-, Product- und Process Extension) und Ressourcen (Entitäten).

3.1.4 Klassen, Objekte und Attribute

Die der BIM-Methode zugrunde liegenden Datenmodelle sind objektorientiert und beinhalten neben den geometrischen Daten ebenfalls darüberhinausgehende funktionale und physikalische Daten zur korrekten Interpretation und voll-ständigen Definition der dargestellten Objekte. Abb. 3.3 veranschaulicht den Unterschied zwischen der damals noch konventionellen CAD Darstellung und der derzeitigen BIM-Methode.

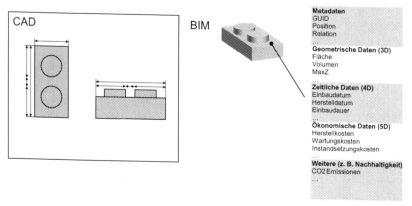

Abb. 3.3 Gegenüberstellung von CAD Objekten und Objekte von BIM-Modellen

Bei CAD Objekten werden durch Vektoren Objekte visualisiert. Die Daten sind meist lediglich geometrisch. Diese werden durch Strichstärken, Schraffuren, Farben, etc. deutlich gemacht. Bei der BIM Methode hingegen ist ein Objekt dargestellt, welches derart in einem BIM-Modell verwendet werden kann. Dieses Objekt ist geometrisch vollkommen beschrieben, besitzt eine eindeutige Klasse und kann vom jeweiligen Programm entsprechend interpretiert werden. Zusätzlich zu den geometrischen sind alphanumerische Daten vorhanden. Diese werden in der Praxis meist geclustert und durch über die dritte Dimension hinausgehende Dimensionen funktional gruppiert.

3.2   Prozesse und Informationsanforderungen

Im Rahmen von Open BIM sind die Informationsanforderungen zu definieren. Die Grundlage bildet das Information Delivery Manual (IDM), ein von der Internationalen buildingSMART-Organisation [37] verwendeter ISO Standard [38], der die Informationsanforderungen im Kollaborationsprozess zwischen den unterschiedlichen Projektbeteiligten zweckgebunden formalisiert. Das Ziel der IDM ist es, Prozesse in der Bauindustrie zu erfassen und eine einheitliche Struktur für den Informationsfluss in Form von BIM-Anwendungsfällen zu bieten [39]. Es wird spezifiziert wo und warum ein Prozess stattfindet, indem aufgeführt wird, wer daran beteiligt ist und welche Informationen wie erstellt und ausgetauscht werden.

Wird der gesamte Lebenszyklus eines Gebäudes betrachtet existieren zwei Ebenen, die Ebene der Anforderungen und die Ebene der Umsetzung. Die Ebene der Anforderungen wird in der DIN EN ISO 19650 definiert und beinhaltet folgende Komponenten:

- AIM (ebenfalls in der Ebene der Umsetzung): Das Asset-Informationsmodell (AIM) stellt das digitale Abbild des Assets dar und dient dem Bauherrn zur Bewertung, Analyse und dem Betrieb des Assets.
- OIR: Diese Organisatorische Informationsanforderungen (OIR) bilden das organisatorische Konzept des Bauherrn (Asset-Owner) ab. Als auftraggeberseitige formale Definition des Informationsmanagements sind die OIR grundlegend für alle anderen darauf aufbauenden Anforderungen und Modelle. Basierend darauf können Asset-bezogene Informationsanforderungen und das Asset-Informationsmodell generiert werden. Die OIR werden gemeinsam mit dem BIM-Management und dem Bauherrn als richtungsweisende Perspektive entwickelt.
- PIR: Die Projekt-Informationsanforderungen (PIR) dienen dazu, die jeweiligen Anforderungen bei der Realisierung eines neuen, spezifischen Assets festzulegen. Sie leiten sich sowohl aus Prozessen des Betriebs wie auch aus Prozessen der (Projekt-) Planung ab (Teil 2 und 3 der DIN EN ISO 19650). Die PIR werden auftraggeberseitig als strategische BIM-Ziele definiert, die in weiterer Präzisierung in Form der Austausch-Informationsanforderung (AIA/EIR) auf spezifische Informationsbedürfnisse heruntergebrochen werden.
- AIR: Die Asset-Informationsanforderungen (AIR) stellen die Asset-bezogene Präzision des OIR dar. Es werden die relevanten Digitalisierungsstrategien und die Ziele des Informationsmanagements für Betrieb, Planung und Produktion/Ausführung des Assets aufbereitet. Diese Ziele dienen dem Projektteam zum Abgrenzen des Projekthorizonts und dem Betrieb zur Erfassung betrieblich notwendiger Informationen. Es gilt die langfristigen Projektziele zu erkennen, um daraus eine Ableitung der kurz- bis mittelfristigen Ziele zu ermöglichen.

Die Ebene der Umsetzung wird u. a. in den in der DIN EN ISO 19650 [40], der DIN EN ISO 29481 [38] und der DIN EN ISO 16739 [35] definiert und behandelt folgende Komponenten:

- AIA (ebenfalls in der Ebene der Anforderungen): Die Austausch-Informationsanforderungen (AIA/engl. EIR) definieren, wann, in welchem geometrischen und alphanumerischen Detaillierungsgrad, in welchem Format, für welches BIM-Ziel und von welchem Projektbeteiligten die geforderten Informationen geliefert werden sollen. Die AIA werden im Rahmen der Ausschreibung gemeinsam mit dem Bauherrn in Form einer Beratung erstellt (siehe ISO 19650 Teil 2 und 3).

- BAP: Nach dem Prinzip Lastenheft und Pflichtenheft einer klassischen Projektdurchführung, existiert ein komplementärer Zusammenhang zwischen AIA und dem BIM-Abwicklungsplan (BAP). Der BAP definiert die Leitplanken der digitalen Routen mit Meilensteinen zur Beantwortung der AIA.
- MVD: Eine Model View Definition (MVD) stellt die anwendungsfallspezifische Implementierung von Austauschanforderungen in softwaretechnischen Schnittstellen dar. Die Methode der MVD wurde entwickelt, um die Informationen eines digitalen Gebäudemodells filtern zu können und somit zweckgebunden zu spezialisieren. Es werden die relevanten Daten und Informationen für die jeweilige Schnittstelle (z. B. Übergabe der FM-relevanten Informationen) definiert.
- PIM: Das Projekt-Informationsmodell (PIM) stellt das BIM-Datenmodell in der Projektbearbeitung dar. Das PIM beinhaltet somit alle Daten und Informationen des gesamten Konsortiums zur Planung und Ausführung des Projekts. Ebenfalls werden im PIM die relevanten Daten und Informationen zur Übergabe an den Betrieb und somit zur Generierung des AIMs abgebildet.

Das Information Delivery Manual (IDM) ist die Grundlage für die Ableitung der Exchange Requirements (ER) worauf die Model View Definition (MVD) basiert. Die IDM stellt u. a. ein Prozess-Diagramm mit Angaben zu den am Prozess beteiligten Personen, Rollen, Verantwortlichkeiten, Terminen, Schnittstellen und den dazugehörigen Informationslieferungen dar (s. Abb. 3.4). Allgemein sollen in einer IDM die fünf W-Fragen beantwortet werden: **W**er braucht **W**ann von **W**em **W**elche Information und in **W**elcher Qualität.

Durch diese Methode kann durch das Diagramm ein schneller Überblick über den Prozess und den dazugehörigen Subprozessen für einen bestimmten Anwendungsfall erfolgen. Somit werden nur die notwendigen Prozesse definiert. Aus der IDM werden die ER abgeleitet. Nachdem der Prozess und die dazugehörigen Informationslieferketten definiert sind, können die benötigten Informationen spezifiziert werden, die ausgetauscht werden sollen. Die ER können auch als Daten-Pflichtenheft verstanden werden. Hierbei erfolgt eine detaillierte Spezifizierung einer Information und welche Rolle, bzw. projektspezifisch, welcher Akteur, diese liefern muss. Außerdem kann hierbei auch das Mapping der Bauwerksinformation mit dem IFC und eine klassen- und parameterbezogene

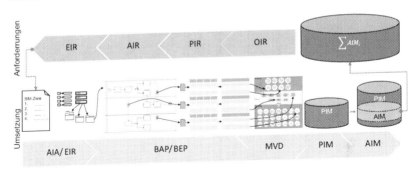

Abb. 3.4 Prozessuale Einordnung der Informationsanforderungen

Definition der Level of Development (LOD) des verwendeten Datenmodells erfolgen [30].

Die AIA, abgeleitet aus der internen BIM-Strategie des Auftraggebers, umfassen die inhaltlichen, technischen und organisatorischen Anforderungen des Auftraggebers an die Umsetzung der BIM-Methode. Die Anforderungen beziehen sich insbesondere auf:

- vorgegebene BIM-Ziele des Auftraggebers,
- die Struktur und Inhalte der fachspezifischen BIM-Modelle als BIM-Lieferobjekte,
- festgelegte BIM-Rollen für die Projektabwicklung und Qualitätssicherung,
- den Ablauf und die Sicherstellung der Koordination zwischen den Projektbeteiligten mittels BIM und
- die anzuwendenden Technologien und Datenschnittstellen.

Die AIA legen fest, wie die BIM-Methode im Sinne des Informationsmanagements im Projekt angewandt werden muss. Die vom Auftraggeber definierten Inhalte für die Projekt- und Asset-Informationsanforderungen sind Bestandteil der Informationsaustauschanforderungen [41, 42].

Essenzieller Bestandteil eines AIA sind die BIM-Ziele, die die spezifischen Anforderungen der Auftraggeber an die Anwendung der BIM-Methode beschreiben. Für das FM müssen beispielsweise die Datenanforderungen, die Art der Datenübergabe sowie die Zeitpunkte der Datenübergabe (sog. Data Drops) für die Systeme des FM im AIA festgehalten werden. Hierdurch kann die Datenübertragung und Datenkonsistenz über den gesamten Lebenszyklus gewährleistet werden.

Der AIA wird den potenziellen Auftragnehmern mit den Ausschreibungsunterlagen bereitgestellt. Die darin geschilderten Forderungen werden vom

© Der/die Autor(en), exklusiv lizenziert durch Springer Fachmedien
Wiesbaden GmbH, ein Teil von Springer Nature 2022
N. Bartels et al., *Anwendung der BIM-Methode im nachhaltigen Bauen*, essentials,
https://doi.org/10.1007/978-3-658-36502-8_4

Planungskonsortium gesichtet und zur Abgabe des Angebots mit einem BIM-Abwicklungsplan (BAP) beantwortet. Im BAP wird die gemeinschaftliche, digitale Bearbeitung des Projektes und somit die Anwendung der BIM-Methode beschrieben. Damit die Inhalte ausgearbeitet werden können, müssen die Software-Architektur, deren Schnittstellen und die Prozesse mithilfe eines Konformitätstestmodells [43] untersucht werden.

Die im AIA aufgeführten BIM-Ziele werden ausdetailliert und zu BIM-Anwendungsfällen ausgearbeitet. Die Anwendungsfälle werden als IDM ausgearbeitet (s. Abschn. 3.2). Die Ausarbeitung des BAPs hat folgende Inhalte:

- Software-Architektur, inklusive Definition der Datenformate
- Beschreibung der BIM-Anwendungsfälle
- Definition der Daten und Informationsanforderungen
- Rollendefinition
- Festlegung von Koordinierungsbesprechungen, inklusive Prüfberichte
- Konventionen und anzuwendende BIM-Normen und -Richtlinien

Mithilfe der AIA können auch Nachhaltigkeitsziele und die damit verbundene Datengrundlage sowie die Anforderungen an BIM-Modelle vertraglich festgeschrieben werden. Aktuell liegt der Fokus der AIA eher auf der Definition der Anforderungen für den Betrieb, jedoch stehen derzeit Nachhaltigkeitskriterien immer mehr im Fokus [44]. Insbesondere im Hinblick auf die effizientere Umsetzung von Nachhaltigkeitsaspekten können mithilfe der BIM-Methodik in den allgemeinen BIM-Zielen folgende Aspekte festgeschrieben werden:

- Verpflichtung zur kooperativen Zusammenarbeit, um die Projektziele in Anwendung der BIM-Methode zu gewährleisten
- Vollständige Ableitung der 2D Dokumentation aus den BIM-Modellen
- Variantenvergleich von Planungsvarianten optimiert durch Kollisionsprüfung und Datenabgleich
- Modellbasierte Kommunikation und Entscheidungsfindung (z. B. Freigaben, Änderungen oder Entscheidungsvorlagen) auf Grundlage digitaler Methoden
- Einbindung von Nutzern und Betreibern bereits in frühen Phasen des Projekts (spätestens ab LPH3)
- Lebenszyklusübergreifende Datenerfassung und Datenaustausch in einem Modell (Vermeidung von Redundanzen)
- Strukturierte Prozesse in Planung, Ausführung und Betrieb

Die Festlegung dieser Kriterien führt bereits dazu, dass Aufwände für die Beschaffung und Aufbereitung von Informationen vermieden werden können, da alle Informationen in einem Modell konsistent gepflegt werden und strukturiert vorliegen. Dadurch lassen sich in vielerlei Hinsicht Automatisierungspotenziale bei der späteren Bearbeitung und Bewertung gemäß Nachhaltigkeitskriterien generieren.

Darüber hinaus können projektspezifische BIM-Ziele benannt werden; insbesondere bei hohen Anforderungen an Nachhaltigkeitskriterien oder bei zu erfüllenden Kriterien im Hinblick auf Zertifikate. Um diesbezüglich die korrekten Informationslieferungs- und -übergabezeitpunkte zwischen den Prozessbeteiligten mit den jeweils notwendigen Daten und Detaillierungsgraden sicherzustellen, sollten früh zu Beginn die ERs definiert und in den AIAs integriert werden [45]. Derzeit befinden sich dazu auf nationaler Ebene die ersten Standardisierungsaktivitäten im Rahmen der VDI 2552 Blatt 11.4 „Ökobilanzierung und BIM" [8] sowie buildingSMART „Fachgruppe BIM und Nachhaltigkeit" [46] noch in Bearbeitung.

Dieses Kapitel widmet sich der zusammenhängenden Betrachtung von BIM und den vorab eingegrenzten Methoden und Berechnungswerkzeugen zur Operationalisierung von Nachhaltigkeit im Bauwesen. Abschließend wird eine Übersicht über die dazugehörigen Datenaustauschanforderungen und ausgewählter Datenbanken bereitgestellt, die wichtige Datengrundlagen für die Umsetzung der fokussierten BIM Anwendungsfälle im nachhaltigen Bauen bereitstellen.

BIM-Anwendungsfälle beschreiben den Zweck, für die Daten im Rahmen der BIM-Methodik erstellt und verarbeitet werden. Sie werden i. d. R. im Rahmen der AIA definiert und detaillieren die Leistungen, die der Auftragnehmer gegenüber dem Auftraggeber zu erbringen hat. Damit lassen sich die Arbeitspakete, die mithilfe der BIM-Methodik durchgeführt werden sollen, besser abgrenzen. Außerdem können mithilfe der BIM-Anwendungsfälle die Aufwände und auch die Kenntnisse, die für die Erbringung der jeweiligen Leistungen notwendig sind, besser kalkuliert und geplant werden.

Die BIM-Anwendungsfälle können entlang des Lebenszyklus unterteilt werden. Ein Schwerpunkt der BIM-Anwendungsfälle liegt aktuell in der Planungsphase. Hier spielen BIM-Anwendungsfälle wie Bestandserfassung oder die Unterstützung der Entwurfs- und Ausführungsplanung durch Simulationen, Bemessungen, Freigaben oder Planungsdurchführung eine wesentliche Rolle. Darüber hinaus existieren BIM-Anwendungsfälle für die Ausführung von Immobilien. In der Ausführungsphase stehen vor allem die Baufortschrittskontrolle, die Abrechnung von Bauleistungen, das Mängelmanagement sowie die Bauwerksdokumentation mithilfe der BIM-Methodik im Fokus [47].

Im Betrieb stellen beispielsweise die Übernahme von Daten in die Systeme des FM sowie die Nutzung der Daten für Reinigung, Instandhaltung und Betrieb BIM-Anwendungsfälle dar. Im Bereich des Betriebs existieren Anwendungsfälle

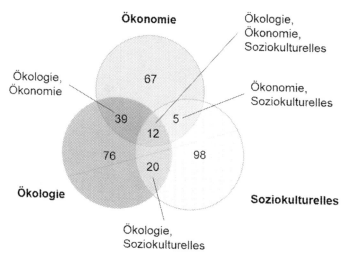

Abb. 5.1 Anwendung der BIM-Methode im Bereich des Nachhaltigen Bauens (Anzahl der genannten Veröffentlichungen). (In Anlehnung an [49])

zur Durchführung eines modellbasierten Nachhaltigkeits- und Energiemanagements sowie ein modellbasierter Betrieb der Gebäudeautomation zur Generierung von Einsparpotenzialen mithilfe der BIM-Methode [48]. Der Fokus liegt jedoch bislang auch im Bereich der Nachhaltigkeit deutlich mehr im Bereich der Planungs- und Ausführungsphase. Im Bereich der Forschung zeigt sich, dass speziell für die Optimierung der nachhaltigen Qualität und deren effizientere Umsetzung während der Planung Lösungsansätze im Zusammenhang mit BIM erforscht und entwickelt werden. Santos et al. haben beispielsweise 317 Journal paper von 2008 bis 2017 bezüglich der Anwendung von BIM im Zusammenhang mit nachhaltigen Bauen untersucht. Dabei richten sich die meisten Arbeiten an die Planungsphase. Innerhalb ihrer Auswertung haben Santos et al. unter anderem auch die Arbeiten den drei Nachhaltigkeitsdimensionen bzw. Schnittstellen zugeordnet (Vgl. Abb. 5.1) [49].

Während bei einer einzelnen Betrachtung der Nachhaltigkeitsdimensionen die soziokulturelle Dimension die meisten Arbeiten aufweist, zeigt sich bei der Betrachtung der Schnittstellen ein höheres Interesse bei der zusammenhängenden Betrachtung von Ökologie und Ökonomie. Die meist fokussierten Anwendungsfälle dabei waren die Ökobilanzierung, Lebenszykluskostenberechnung sowie die Durchführung verschiedener Simulationsarten, wie beispielsweise CFD- oder

Energiesimulation [49]. Andere neuere Auswertung bestätigen diese Ergebnisse
und zeigen zudem, dass auch die Anwendungsfälle zur Erstellung eines Materi-
alpasses, inklusive der Bewertung von Zirkularität, an Bedeutung gewinnen [50,
51].

Ein Grund für die vermehrte Anwendung der beschriebenen Anwendungsfälle
sind auch die Möglichkeiten zur Automatisierung. Ege [52] und eine Studie der
Universität Aalborg [53] von Gade et al. haben bspw. herausgefunden, dass sich
bei einer idealen Modellierung und konsistenten Datenhaltung in BIM Modellen theoretisch 60–65 % der Bewertungskriterien einer DGNB-Zertifizierung
automatisieren lassen. Besonders die Ökobilanzierung und die Lebenszykluskostenberechnung zeigten dabei ein besonders hohes Automatisierungspotenzial.

5.1 BIM basierte Gebäudeökobilanzen

Gebäudeökobilanzen sind komplex in der Anwendung, da die notwendige
Informationsbeschaffung von den vielen Projektbeteiligten und Datenbanken
unstrukturiert ist und vorwiegend auf 2D-Planungsunterlagen basiert [54]. Eine
Durchführung der Gebäudeökobilanz unter Einsatz der BIM-Methode bietet
wesentlich effizientere (automatisierbare) Prozesse und frühere sowie umfassen-
der Bewertungsergebnisse für die ökologische Entscheidungsfindung.

5.1.1 Methodik zur Umsetzung mit BIM

Es existieren viele verschiedene Workflows mit denen die Verknüpfung von Ökobilanzen und BIM umgesetzt werden kann. Je nach verwendeter Software und
Tools lassen sich diese grob klassifizieren. Gemäß des von Wastiels und Decuypere erstellten Klassifizierungsschemas werden so beispielsweise fünf Workflows
für die Integration von Ökobilanzen in BIM beschrieben (Vgl. Tab. 5.1) [55].

Schumacher et al. haben eine Potenzialanalyse zur Bewertung grauer Energie
und Emissionen im digitalen Gebäudeplanungsprozess durchgeführt und dabei
u. a. auch eine Umfrage mit ca. 200 Praxisakteuren des nachhaltigen und digitalen
Bauens durchgeführt [56]. Hier wurde angelehnt an die fünf Workflows nach
Wastiels und Decuypere abgefragt, welche der Workflows derzeit in der Praxis
angewendet werden. Von den 200 Befragten gaben zunächst nur 12 an bereits
Ökobilanzen mit Hilfe von BIM zu berechnen. Dabei ist Workflow 1 der meist
praktizierte, gefolgt von 4 und 2, sowie abschließend Workflow 3. Workflow 5
wurde bisher nicht angewendet.

Tab. 5.1 Strategien zur Integration der Gebäudeökobilanz in BIM. (In Anlehnung an [55])

1	**Massen und Mengen Export** Im ersten sogenannten Workflow wird aus den BIM-Autorentools ein Volumina/Massen/Mengen-Export (engl. Bill of Quantities) exportiert und in die Gebäudeökobilanzsoftware importiert, in welcher die Gebäudeökobilanz erstellt wird, nachdem manuell die Verknüpfung der Ökobilanzdaten durchgeführt wurde
2	**Geometrischer IFC Import** Im zweiten Workflow wird das BIM-Model als „Ganzes" per geeigneten Dateiaustauschs, herstellerneutral oder nativ, in die Gebäudeökobilanzsoftware importiert. Anschließend findet ebenfalls manuell die Verknüpfung der Ökobilanzdatensätze statt
3	**BIM-Werkzeuge zur Verknüpfung der LCA Datensätze** Im dritten Workflow wird das BIM-Model zuerst in einen BIM-Informationsmanagementtool übergeben, in welchem die Ökobilanzdatensätze den Bauteilen und Materialien zugeordnet werden. Danach findet eine weitere Übergabe in die Gebäudeökobilanzsoftware statt, mit der die Berechnung i. d. R. automatisiert, erfolgen kann
4	**LCA plugin für BIM-Software** Im vierten Workflow wird über ein Plugin innerhalb der BIM-Autorentools die Ökobilanz direkt durchgeführt. Je nach Software und Plugin wird dabei ermöglicht die Verknüpfung mit den Bauteilen und Materialen weitestgehend (teil-)auto-matisiert durchzuführen

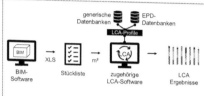

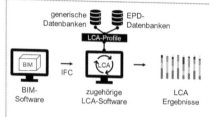

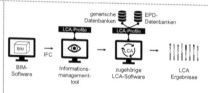

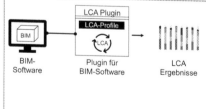

(Fortsetzung)

Tab. 5.1 (Fortsetzung)

| 5 | Mit LCA-Datensatzinformationen angereicherte BIM-Objekte Im fünften Workflow wird die Strategie verfolgt die Ökobilanzinformationen in BIM Objekte bzw. Bibliotheken der BIM-Autorentools zu integrieren. Dadurch kann die Verknüpfung ebenfalls der Bauteile und Materialen nahezu vollständig automatisiert, entweder mithilfe eines Plugins oder nach Dateiexport in eine Gebäudeökobilanzsoftware, erfolgen | |

Abschließend ist anzumerken, dass sich je nach Anwendungsfall und Ziel die Wahl des richtigen Ansatzes bzw. Workflow unterscheiden kann. So kann es durchaus möglich sein, dass sich ein LCA-Plugin für eine frühe grobe erste Abschätzung von Konstruktionsvarianten, für beispielsweise das Tragwerk, besser eignet, als ein IFC-Export in ein BIM-Werkzeug und der dort stattfindenden Verknüpfung zu LCA-Datensätzen. Für eine detaillierte Gebäudeökobilanzierung und der vollumfänglichen TGA-Betrachtung erscheint es jedoch sinnvoll einen Workflow zu nutzen, der dem open-BIM Ansatz folgt. Dies ist essenziell, um verschiedene Fachmodelle verlinken zu können und gleichzeitig Herstellerneutralität zu wahren bzw. der Vielfalt der unterschiedlich eingesetzten Modellierungs- und Planungssoftwaresysteme je nach Fachdisziplin gerecht zu werden.

5.1.2 Mehrwerte durch BIM

Die Lösungsansätze zur Kombination von BIM und Gebäudeökobilanzen sind nützlich, um beispielsweise manuelle Mehraufwände bei der erneuten Dateneingabe, gegenüber des 2D-basierten Workflows bei der Durchführung einer Gebäudeökobilanz, zu reduzieren. Dadurch werden Zeit- und Kostenersparnis erzielt, die helfen die Methode in der Praxis zu implementieren [56]. Ein weiteres entscheidendes Kriterium für die Anwendung von Gebäudeökobilanzen mit BIM ist auch die frühere und iterative bzw. planungsbegleitende Anwendung sowie deren bessere Möglichkeit zur Kommunikation und Visualisierung der Ergebnisse. Konkret ist durch die einheitliche Strukturierung der für die Berechnungen erforderlichen Informationen und deren leichtere Zugänglichkeit innerhalb der

BIM-Modelle eine bessere Grundlage vorhanden, um in Echtzeit ein Ergebnis-feedback zu erhalten [57]. So können beispielsweise die 3D Modelle für die Einfärbung von unterschiedlichen Bauteilen bzw. Materialien genutzt werden, um „ökologische Hotspots" kenntlich zu machen. Dies unterstützt das intuitive Verständnis der Ökobilanzergebnisse und kann die Entscheidungsfindung deutlich besser, speziell für Nicht-Experten, unterstützen. Neben Arbeitserleichterung früher Anwendungen und Visualisierungsvorteilen wird durch BIM auch das Potenzial geboten, einen größeren bzw. detaillierten Bilanzierungsrahmen der Gebäudeökobilanz abzudecken. So ist es mit BIM Modellen besser möglich, auch TGA-Systeme vollumfänglich einzubinden [58].

5.2 BIM basierte materielle Gebäudepässe

Die Erstellung eines MGP erfordert die Zusammenstellung und Verknüpfung von vielen unterschiedlichen Informationen. Um die dabei auftretende hohe Anzahl an Informationen über den Lebenszyklus von Gebäuden und Materialien effizienter zu verwalten und zusammenhängend zu bewerten, bieten BIM und offene Austauschformate, wie IFC, die Möglichkeiten Daten in den 3D-Modellen mit einem hohen Grad an Semantik zu integrieren, zu verlinken und auszutauschen.

5.2.1 Methodik zur Umsetzung mit BIM

Um BIM basierte MGP zu erstellen, existieren derzeit verschiedene Ansätze (vgl. Tab. 5.2). Während am Markt vertretene Softwaretools IFC-Datei Uploads anbieten [18], existieren weitere individuelle Lösung aus Forschungsarbeiten, die mit nativen Datenformaten arbeiten. Beispielsweise wurden im Rahmen des Forschungsprojekts Building As Material Banks (BAMB) [19] sowie durch Mombour [59] und Honic [60] Workflows entwickelt, die nachfolgend allgemein durch Workflow 3 beschrieben werden können. Generell sind die Methoden, die zur BIM basierten Erstellung von MGP angewendet werden, sehr ähnlich wie die der BIM basierten Gebäudeökobilanz. Jedoch existieren bislang deutlich weniger verfügbare Softwarelösungen am Markt bzw. Lösungsansätze aus der Forschung.

BIM-Plugin Lösungen für die Erstellung eines MGP existieren für den deutschen Raum bislang nicht. Des Weiteren betrachtet keiner der verfügbaren Lösungsansätze bei der Erstellung eines MGP die Fachmodelle der TGA.

5.2.2 Mehrwerte durch BIM

Durch BIM basierte MGP ergeben sich verschiedene Nutzen entlang der Lebenszyklusphasen von Gebäuden. Bei den wenigen Lösungsansätzen, bei denen die

Tab. 5.2 Strategien zur Erstellung von materiellen Gebäudepässen durch BIM

| 1 | **Massen und Mengen Export** In diesem Workflow können die Informationen zu Mengen und Massen sowie Materialinformationen aus einen BIM Modell exportiert und anschließend in die MGP Software importiert werden. Die MGP Software nimmt basierend auf den importierten Informationen eine Zuordnung mit hinterlegten bzw. verlinkten Datenbanken vor, um die Zirkularität und weitere Aussagen, z. B. zum finanziellen Wert bei Wiederverwendung oder Recycling, berechnen zu können | |
| 2 | **Geometrischer IFC Import** Bei dem zweiten Workflow wird ein IFC-Import in die zugehörige MGP Software getätigt. Bei der Modellierung gilt es bestimmte Anforderungen zu beachten. Beispielsweise in puncto Klassifizierungsmethode gemäß DIN 276, damit eine Verortung der Materialien durchgeführt werden kann. Weiterhin ist es essenziell Materialinformationen zu integrieren, damit weitestgehend automatisierte Materialverknüpfungen zu Datensätzen der Zirkularität mit den BIM Objekten durchgeführt werden können | |

(Fortsetzung)

Tab. 5.2 (Fortsetzung)

| 3 | BIM-Werkzeuge zur Verknüpfung der MGP Datensätze Dieser Workflow sieht vor, dass während der Modellierung in der BIM Software, Informationen bzw. Links aus einer vorgefertigten Bibliothek genutzt werden. Über ein Datenaustausch, z. B. per IFC, kann optional in einem Informationsmanagementtool geprüft werden, ob beispielsweise alle Informationen aus der vorgefertigten Bibliothek korrekt verwendet wurden. Danach wird ein Datenaustausch mit der zugehörigen MGP Software durchgeführt. Diese erkennt neben den Mengen und Massen auch Informationen aus den vorfertigten BIM Objekten, z. B. über einen Globally Unique Identifier, und gleicht diese mit hinterlegen MGP-Datenbank ab, um Bewertungen hinsichtlich Zirkularität durchzuführen. Anschließend können Ergebnisse des MGP im Modell visualisiert und/oder als PDF-Datei bereitgestellt werden | 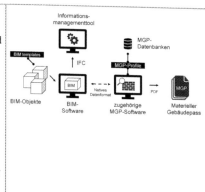 |

Erstellung von MGP mit BIM umgesetzt wird, steht vorwiegend der Anwendungsfall der Dokumentation im Fokus, um manuelle Mehraufwände bei der erneuten Integration und Zusammenstellung von Informationen für MGP zu vermeiden. BIM basierte MGP bieten jedoch viele weitere Mehrwerte, die es in Zukunft zu erschließen gilt.

Für den Neubaubereich profitieren die verschiedenen beteiligten Stakeholder auf verschiedene Art und Weise von MGP. Bauprodukthersteller können für ihre Produkte digitale Material- oder Bauproduktpässe bereitstellen, die in BIM basierten Materialpässen direkt referenziert werden können.

Architekten, Fachplaner, Nachhaltigkeitsexperten, Bauherrn sowie ausführende Unternehmen können diese Material- und Produktpässe nutzen, um während der Planung früh Informationen bezüglich der Zirkularität zur Verfügung zu haben und so Optimierungen durchzuführen zu können. Weiterhin können die Informationen aus der Planung in einem BIM basierten MGP direkt integriert und dokumentiert werden, z. B. zum Verbund zweier Materialschichten. Dadurch ergeben sich nicht nur für Reportingzwecke im Sinne von Nachhaltigkeitszertifizierung oder der EU-Taxonomie Vorteile. Auch für die Betriebsphase werden wichtige Mehrwerte generiert, indem eine transparente Basis für effiziente Bauproduktrückverfolgbarkeit bzw. Wartungs- und Instandhaltungsphasen von Gebäuden geschaffen wird. Dies ist ideal für die Planung von Materialaustauschen und Reparaturen nutzbar.

Vereinfacht werden durch BIM-basierte MGP auch „Leasing Modelle", bei denen Hersteller ihrer Bauprodukte nach Nutzungsdauer zurücknehmen und gegen ein neues Exemplar austauschen.

Des Weiteren können Sanierungen effizient geplant oder im Falle eines Rückbaues können gezielt die Demontage- und Abrissplanung vorgenommen werden, da bekannt ist welche Materialien wiederverwendet, recycelt oder entsorgt werden müssen und welcher Aufwand damit einhergehend verbunden ist. Dies unterstützt einerseits Materialmarktplätze und Bauteilbörsen, um detailliert Informationen zur erneuten Verfügbarkeit und den finanziellen Werten von Bauteilen und Materialien bereitstellen zu können. Anderseits können so Bauprojekte im Umkreis mit freiwerdenden, wiedernutzbaren Rohstoffen planen.

Bei Bestandsobjekten, bei denen i. d. R. keine oder eine nur sehr unvollständige Dokumentation vorliegt, können über 3D Laserscans und Bauwerksbeprobungen nachträglich BIM Modelle erstellt werden, auf Basis derer BIM basierte MGP erstellt werden können. Mit der dadurch geschaffenen Grundlage lassen sich dann die vorher beschriebenen Mehrwerte gleichermaßen, z. B. für zukünftige Sanierungsprozesse, nutzen.

5.3 BIM basierte Lebenszykluskosten

BIM bietet die Möglichkeit, die Lebenszykluskosten zu optimieren. Aufgrund des lebenszyklusübergreifenden Ansatzes von BIM ist es möglich, Planung, Ausführung und Betrieb gesamtheitlich zu denken. Hierdurch ergeben sich durch Kostenschätzungen sowohl Chancen in der Planung als auch Möglichkeiten zur Nutzung der Informationen aus dem Betrieb, um die Kostenschätzungen zu validieren. Dies wird insbesondere dadurch relevant, dass die TGA inzwischen einen Anteil von 35–45 % der Baukosten in Anspruch nimmt [61] und auch im Betrieb der TGA einen der Kostentreiber bei modernen Gebäuden darstellt [62].

5.3.1 Methodik zur Umsetzung mit BIM

Mithilfe der BIM-Methodik bieten sich verschiedene Möglichkeiten zur Integration der Lebenszykluskosten durch Erweiterung der Softwareumgebung. Diese sind in Tab. 5.3 dargestellt.

Vorteile bei Workflow 1 liegen darin, dass in den Kalkulationstabellen neue Spalten individuell hinzugefügt werden können, sodass Anpassungen der Berechnungen und deren Grundlagen möglich sind. Jedoch ist hierbei zu beachten, dass eine exakte Zuordnung der Attribute in den Tabellen erfolgt. Der Vorteil von Workflow 2 besteht darin, dass alle Informationen und Berechnungen im Modell hinterlegt sind. Demgegenüber stehen jedoch nur beschränkte Möglichkeiten zur Berechnung der Lebenszykluskosten in offenen Datenformaten, wie IFC oder COBie. Neben den beiden vorgenannten Varianten existieren Softwaretools, die eine Integration von tabellarischen Berechnungen und Visualisierungen ermöglichen.

Tab. 5.3 Strategien zur Integration von Lebenszykluskosten in BIM

| 1 | Nutzung von spezifischer Berechnungssoftware In diesem Workflow werden auf Grundlage der BIM-Objekte und den in den Attributen enthaltenen Kosten durch die BIM-Software zunächst die Massen aus dem Gebäudemodell ermittelt und anschließend in eine tabellarische Struktur zur Kalkulation überführt, mit deren Hilfe Berechnungen durchgeführt werden können | |
| 2 | Berechnung innerhalb des Modells In der Forschung werden Ansätze untersucht, die Berechnungen direkt an den Objekten im digitalen Gebäudemodell durchzuführen [63]. Die Grundlage hierfür bilden die Attribute zu den Kosten der jeweiligen Objekte, die im digitalen Gebäudemodell hinterlegt werden. Hierfür kann beispielsweise auch auf Datenbanken von Herstellern zurückgegriffen werden | |

5.3.2 Mehrwerte durch BIM

Durch den Einsatz der BIM-Methodik können im Hinblick auf die Lebenszyklus-kosten Mehrwerte für die Planung und Ausführung sowie für den Betrieb erreicht werden. In der Planung kann beispielsweise ein modellbasiertes Energiemanagement durchgeführt werden. Dies führt dazu, dass bereits am Entwurfsmodell Optimierungsmöglichkeiten für die Reduzierung der Lebenszykluskosten aufgezeigt werden können. Darüber hinaus können auf Grundlage der modellbasierten Arbeitsweise Kollisionsprüfungen [64] und Bauablaufsimulationen durchgeführt werden, die eine frühzeitige Problemidentifizierung ermöglichen. Dies führt zu einer Verringerung der Zeit- und Kostenaufwände in Planung und Ausführung, wodurch die Planungs- und Baukosten reduziert werden können [65].

Des Weiteren können in der Planung darüber hinaus Simulationen und Vor-kalkulation [66] für die Betriebs- und Lebenszykluskosten durchgeführt werden, sodass Optimierungen für die Lebenszykluskosten frühzeitig eingeplant werden können. In der Nutzungsphase ermöglicht die Nutzung der BIM-Methode die Fortführung des modellbasierten Energiemanagements. Hiermit können verschie-dene Lebenszyklusbetrachtungen und die Ermittlung von Lebenszykluskosten durch Echtzeitanalyse erfolgen [65]. Darüber hinaus bietet die BIM-Methode die Möglichkeit zur Erstellung von Prognosen zur Entwicklung der Lebenszyklus-kosten auf Grundlage von TGA-Instandhaltungskosten.

5.4 BIM basierte Simulationen

Simulationen stellen einen wesentlichen Bestandteil zur Steigerung der nachhal-tigen Qualität von Gebäuden dar. Sie können für verschiedene Aspekte über den gesamten Lebenszyklus der Immobilien genutzt werden, sodass in der Planung, Ausführung und im Betrieb Optimierungen im Hinblick auf Nachhaltigkeitskri-terien mit BIM umgesetzt werden können [67].

Wird eine Simulation durchgeführt sind mehrere Faktoren in Betracht zu ziehen, mit dem Ziel Unschärfen zu eliminieren. Dabei ist der Zeitpunkt der Simulationsdurchführung ein wichtiger Aspekt. Es gilt hierbei den Trade-Off zwischen Validität der Informationen zu Einflussmöglichkeit der Simulations-ergebnisse auf den derzeitigen Planungsstand abzuwägen. Je später im Projekt simuliert wird, desto valider sind die projektspezifischen Informationen, jedoch können dann einige Entscheidungen nicht oder nur unwirtschaftlich revidiert wer-den. Im Gegensatz dazu gilt, je früher im Planungsfortschritt eine Simulation durchgeführt wird, desto unsicherer die Eingabe der Daten („Garbage in, garbage out."), jedoch sind die Planungsänderungen wirtschaftlicher umzusetzen.

Im Bereich der Simulationen existieren verschiedene BIM-Anwendungsfälle. In der Energiesimulationen können insbesondere Simulationen zur Gebäudeausrichtung, zur Gebäudemasse sowie die Tageslichtanalyse, die Simulation zu möglichem Einsatz erneuerbarer Energien oder die Energiemodellierung genannt werden. Die energierelevanten BIM-Anwendungsfälle werden auch als Building Energy Modeling (BEM) bezeichnet. Durch eine Integration von BIM und BEM bestehen bereits in den frühen Phasen des Projektes Möglichkeiten, verschiedene Optionen durch Simulationen im Hinblick aus Energieeffizienz und Komfort zu vergleichen [68].

Im Bereich der Komfortsimulation stehen insbesondere thermische, akustische oder visuelle Simulationen sowie Simulationen zur Luftqualität oder zur Strömungsmechanik im Fokus. Hierbei bestehen auch Beziehungen zu den vorgenannten Anwendungsfällen der Energiesimulation. Die BIM-Methodik bietet hierbei die Möglichkeit, die verschiedenen Aspekte der TGA, der Architektur und der Bauphysik durch Simulationen ganzheitlich in Beziehung zu setzen und dadurch die Planung zu optimieren.

5.4.1 Methodik zur Umsetzung mit BIM

Das Ziel des Einsatzes der BIM-Methodik für Simulationen besteht darin, dass Optimierungen in Planung, Ausführung und Betrieb durch eine Einbeziehung geometrischer und alphanumerischer Daten generiert werden können [69]. Diese Optimierungen werden insbesondere dadurch generiert, dass die Daten und Modelle der verschiedenen Fachdisziplinen, wie Architektur, Tragwerksplanung oder TGA gesamtheitlich vorliegen sowie ausgetauscht und genutzt werden können.

Die Modelle werden anfänglich konzeptionell zur Planung verwendet. Spätestens ab der Ausführungsplanung weisen alle Modelle einen hohen Grad der Granularität der Geometrien und der Informationen auf, sodass die bereits genannten Unsicherheiten weitestgehend minimiert sind.

Die einzelnen Anwendungsfälle im Bereich der Simulationen betreffen sowohl ökologische Aspekte als auch ökonomische und soziokulturelle Aspekte. Eine scharfe Abgrenzung der Anwendungsfälle ist nicht immer möglich, so betrifft bspw. die Tageslichtanalyse ökologische Aspekte (insbesondere Energieeinsparung) und soziokulturelle Aspekte (insbesondere Komfortfaktoren in Gebäuden).

Die Modelle mit den inhärenten Informationen dienen hierbei als Input für die Simulation. Hierbei spielt die Interoperabilität eine immense Rolle. Die derzeitig auf dem Markt befindlichen Simulationstools sind nicht dafür konzipiert komplexe Modelle zu verarbeiten. Deshalb werden meist vereinfachte Bearbeitungsmodelle, speziell für diesen Anwendungsfall aufwendig nachmodelliert und dienen lediglich als Input. Die Ergebnisse werden anschließend ins Gesamtmodell zurückgespielt, sodass alle Projektbeteiligten Zugriff auf die Ergebnisse haben. Die folgende Tab. 5.4 skizziert die bestehenden, marktgängigen Workflows zur Implementierung von Anwendungsfällen mit dem Ziel eine BIM basierte Simulation durchzuführen.

In Tab. 5.4 werden insbesondere die Schnittstellen und die damit verbundenen Transformationsprozesse hervorgehoben. Die Transformationsprozesse hängen von multiplen Faktoren ab:

- Transformation des nativen Modells in das Austauschmodell (Export)
- Transformation des Austauschmodells ins native Modell (Import)
- Geometrischer Aufbau der im Modell vorhandenen Objekte
- Interpretation der Attribute und Parameter

Diese komplexen Zusammenhänge müssen untersucht und verstanden werden, damit bei der Übertragung keine Informationsverluste oder Fehlinterpretationen die Ergebnisse verfälschen.

5.4.2 Mehrwerte durch BIM

Die große Anzahl an Informationen, die für eine Simulation (jeglicher Art) benötigt werden, können sehr verschiedenartig und gleichzeitig komplex sein. Dabei kommt es in der konventionellen, nicht modellbasierten Planung häufig zu zeit- und ressourcenaufwendigen Recherchen für die Eingabedaten. Durch Anwendung der BIM-Methode und die damit verbundene Zentralisierung der Informationen werden die Rechercheergebnisse verfügbar gemacht und dadurch eine manuelle Aggregation obsolet. Ziel ist es, dass die relevanten Informationen mit den Modellen für das gesamte Planungskonsortium bereitstehen, sei es durch eine direkte Angabe oder eine Verlinkung der Informationen. Die Kommunikation der Ergebnisse wird abermals durch eine Bereitstellung mithilfe der Modelle zentralisiert. Die umfangreichen Informationen können mit den Modellen visualisiert und somit intuitiv verständlich kommuniziert und zur Plausibilisierung herangezogen werden.

Tab. 5.4 Strategien zur Integration von Simulationen in BIM

1	**Simulation im Autorensystem (closed BIM Einsatzmethode)** In diesem Beispiel wird die Simulation im Autorensystem durchgeführt. Hierbei werden die relevanten Informationen direkt vom nativen Modell verwendet. Dieser Workflow ist bisher nur für simple, meist statische Simulationen möglich, da die gängigen Autorensysteme (noch) nicht derartige Funktionen implementiert und gemäß nationaler Standards definiert haben. Die Ergebnisse werden bei diesem Ansatz direkt im BIM-Modell abgespeichert und basierend darauf werden die Ergebnisse generiert	Autoren-software & Simulation → Simulations-ergebnisse
2	**Simulation innerhalb der Software-Umgebung des Autorensystems (closed BIM Einsatzmethode)** Das BIM-Modell wird innerhalb der (meist proprietären) Software-Umgebung zu einem BEM-Modell umgewandelt und in einem speziell für diese Schnittstelle ausgelegten Werkzeug für die Simulation verwendet. Das BEM-Modell stellt in diesem Zusammenhang eine für den jeweiligen Anwendungsfall spezialisierte Interpretation des BIM-Modells dar. Dieser Workflow erlaubt meist komplexere, ebenfalls dynamische Simulationen. Die Ergebnisse werden bei diesem Ansatz aus dem BEM-Modell generiert und können bei entsprechender Implementierung in das BIM-Modell zurückgeführt werden	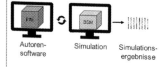 Autoren-software Simulation Simulations-ergebnisse

(Fortsetzung)

Tab. 5.4 (Fortsetzung)

3	**Simulation mit einem nicht proprietären Simulationswerkzeug (big open BIM Einsatzmethode)** Dieser Workflow sieht vor, dass auf Grundlage des nativen Modells des ersten Autorensystems ein Datenaustausch zu einem herstellerunabhängigen zweiten Autorensystem und damit verbundenen Simulationswerkzeug mithilfe des IFC-Modells etabliert wird. Hierbei müssen zwei Transformationsvorgänge für einen erfolgreichen Austausch beherrscht werden. Die Ergebnisse werden hierbei vom Simulationswerkzeug auf Basis des BEM Modells generiert und müssen für eine Integration im BIM Modell des ersten Autorensystem speziell konfiguriert werden	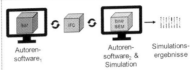
4	**Simulation mit einem Autorensystem unabhängigen Simulationswerkzeug (big open BIM Einsatzmethode)** Dieser Workflow ist vergleichsweise identisch zu Workflow 3, hierbei wird jedoch zusätzlich nach dem zweiten Autorensystem eine weitere Schnittstelle zu einem weiteren unabhängigen Simulationswerkzeug integriert. Innerhalb dieser Schnittstelle könnten weitere, für die Abbildung von BEM-Modellen, spezialisierte Austauschformate (in Ergänzung zum IFC-Modell) integriert werden	

5.5   Datenaustauschanforderungen

Die genaue Ausgestaltung der Datenaustauschanforderungen für die Berechnung der Gebäudeökobilanz, Lebenszykluskosten sowie der Erstellung von MGP und der Durchführung von Simulationen variiert in Abhängigkeit der vorliegenden Projektphase, verwendeten Methoden und weiterer Anforderungen, wie z. B. durch Zertifizierungssysteme. Die nachfolgende Tab. 5.5 stellt allgemeine Informationsanforderungen dar. Die Tabelle zeigt übersichtlich die objektbezogenen Inhalte, die jeweils von den aufgeführten Anwendungsfällen benötigt werden.

5.6   Relevante Datenquellen im nachhaltigen Bauen

Die folgende Tab. 5.6 gibt einen Überblick über Datenbanken, die für die Verknüpfung mit BIM-Modellen bzw. BIM Objekten im Rahmen der beschriebenen BIM Anwendungsfälle verwendet werden können. Die thematische Zuordnung einer Datenbank wird mithilfe eines „x" zu einer der vier BIM-Anwendungsfälle im nachhaltigen Bauen symbolisiert.

Tab. 5.5 Fachmodelle und deren Objekte mit relevanten Daten und Informationen für die fokussierten BIM Anwendungsfälle im nachhaltigen Bauen

Fachmodelle	Objekte und Parameter	LCA	MGP	LCC	Simul.
Architektur	Raumumschließende Objekte				
	Bauteilschichten	x	x	x	x
	Materialkennwerte	x	x	x	x
	Geometrie	x	x		
	Mengen und Massen	x	x		
	Raumobjekte				
	Typisierung (bspw. DIN 277)			x	x
	Anforderungen (Lastenheft)			x	x
	Geometrie			x	x
	Standort				
	Wetterdatensätze				x
	Verschattung durch Umbauten				x
Tragwerksplanung	Raumumschließende Objekte				
	Bauteilschichten	x	x	x	x
	Materialkennwerte	x	x	x	x
	Geometrie	x	x	x	x
	Mengen und Massen	x	x	x	
TGA	Gebäudetechnische Elemente für Verteilung, Speicherung, Generierung, Übergabe				
	Materialkennwerte	x	x	x	x
	Geometrien	x	x		x
	Mengen und Massen	x	x	x	
	Endenergiebedarf (elektr., therm.)	x			
	Bedarfe			x	
	Wartungsintervalle			x	
	Lebensdauer			x	
	Kosten (z. B. Instandhaltung)			x	
	Bauteilkennwerte (z. B. Emissionen)			x	x
	Regelungsarten				x

Tab. 5.6 Relevante Datenquellen im nachhaltigen Bauen

Datenbank	Beschreibung	LCA	MGP	LCC	Sim
ÖKOBAUDAT [70]	Die ÖKOBAUDAT ist eine vom BMI kostenfrei zur Verfügung gestellte Plattform. Die dort bereitgestellten Ökobilanzdaten von Bauprodukten sind gemäß DIN EN 15804 standardisiert und werden anhand weiterer Qualitätsmerkmale vor Bereitstellung überprüft. Neben dem Fokus auf Baustoffe werden unter anderem auch Bau-, Energie-, Entsorgungs- und Transportprozesse hinsichtlich ihrer ökologischen Auswirkung beschrieben. Die über 1000 Datensätze sind vorwiegend generisch	x	x		x
WECOBIS [71]	Das Baustoffinformationssystem WECOBIS stellt eine Ansammlung von Informationen zu Umwelt- und Gesundheitsdaten von Bauproduktgruppen dar. Dabei handelt es sich im Gegensatz zur ÖKOBAUDAT um Daten bezüglich der Inhaltsstoffe und inwiefern diese Risikostoffe beinhalten. Zudem bietet WECOBIS weitere spezifische Baustoffinformationen, die sich primär als Planungs- und Ausschreibungshilfen an Fachplaner richten	x	x		x

(Fortsetzung)

Tab. 5.6   (Fortsetzung)

Datenbank	Beschreibung	LCA	MGP	LCC	Sim
EMMy [72]	EMMy – Ecological material mini library ist eine Datenbank, die durch eine Forschergruppe des Lehrstuhls Ressourcengerechtes Bauen an der RWTH Aachen entwickelt wurde. Sie beinhaltet ca. 200 Materialien und weist Informationen bezüglich der Zirkularität, Ökobilanz, Inhaltsstoffen und weiteren individuelle Informationen zu der Anwendung aus	x	x		
Building Material Scout [73]	Building Material Scout bietet einen Überblick über rund 40.000 Bauprodukte. Je nach Hersteller stehen neben technischen- und Sicherheitsdatenblättern als PDF-Dateien auch weitere Datenformate, wie z. B. BIM-Objekte, zur Verfügung. Zudem werden Einordnungen hinsichtlich der Erfüllung von Anforderungen gemäß Zertifizierungssystemen, wie u. a. DGNB, LEED, zur Verfügung gestellt	x	x		x
IBU.data [74]	Die Datenbank IBU.data wird vom Institut Bauen und Umwelt e.V. bereitgestellt. Diese bietet Zugriff auf EPDs für weltweit registrierte Bauprodukte nach DIN EN 15804. Neben den in der ÖKOBAUDAT hauptsächlich generischen Datensätzen, liefert die IBU.data produktspezifische Datensätze zu etwa 1000 Bauprodukten	x	x	x	x

(Fortsetzung)

Tab. 5.6 (Fortsetzung)

Datenbank	Beschreibung	LCA	MGP	LCC	Sim
Material-Bibliothek [75]	Die Material-Bibliothek ist ein Kooperationsprojekt der msa münster school of architecture und der Bergischen Universität Wuppertal. Es existieren in dieser Datenbank aktuell 636 produktspezifische Datensätze zu Materialien, die in Gebäuden verbaut werden. Die Daten umfassen u. a. Angaben zu Herkunft, Inhaltsstoffen, Gebrauch, Nutzungsdauer, Recyclingfähigkeit sowie der Ökobilanz	x	x	x	x
DGNB Navigator [76]	Der DGNB Navigator Datenbank beinhaltet aktuell 1128 Datensätze, die neben allgemeinen Herstellerinformation zu Bauprodukten Angaben im Hinblick auf ihre Bewertung bestimmter DGNB Kriterien, wie Risikostoffen, bereitstellt. 297 Bauprodukte sind bislang mit einer geprüften Vorbewertung durch die DGNB zu finden, die neben Nutzungsdauer, Lebenszykluskosten, Materialangaben, Recyclinganteilen, Risikostoffen auch Werte zu den in einer DGNB-Ökobilanz geforderten Umweltindikatoren liefert	x	x	x	x

(Fortsetzung)

Tab. 5.6 (Fortsetzung)

Datenbank	Beschreibung	LCA	MGP	LCC	Sim
Cradle to Cradle certified [77]	Die Cradle to Cradle certified Datenbank listet aktuell ca. 700 Produkte, die gemäß dem gleichnamigen Label zertifiziert wurden. Unter anderem stehen dabei 233 Bauprodukte zur Verfügung, die im Rahmen ihrer detaillierten Bewertung anhand der fünf Cradle to Cradle Kriterien, auch Angaben zu Materialinhaltstoffen liefern	x		x	
BNB Nutzungsdauern [11]	Im Rahmen des BNB werden vom BMI 296 Angaben zu Nutzungsdauern von Bauprodukten öffentlich zur Verfügung gestellt	x	x	x	x

Was Sie aus dem *essential* mitnehmen können

- Die BIM-Methode unterstützt Anwendungsfälle des nachhaltigen Bauens durch die zentrale Bereitstellung, Vorhaltung und Transparenz von Informationen.
- BIM-Daten für nachhaltiges Bauen werden in Planung, Ausführung und Betrieb generiert und mit BIM-Modellen ausgetauscht.
- Die standardisierte Definition von Prozessen, AIA und ER, stellt daher einen wichtigen Beitrag für eine effizientere BIM-Projektabwicklung und effiziente Nachhaltigkeitsbewertung dar.
- Aktuell zeigt sich jedoch, dass viele der Ansätze zur BIM basierten Nachhaltigkeitsbewertungen in closed BIM Umgebungen auf Basis von proprietären Softwaresystemen angewendet werden. Standardisierte und offene Datenaustauschformate als Importformat werden bisher noch nicht ausreichend angeboten.
- Standardisierungsaktivitäten im Bereich Modellierungsrichtlinien, der Definition von Anwendungsfällen und Informationsaustausch-Anforderungen werden in Zukunft von großer Bedeutung sein, um den Automatisierungsgrad bei der BIM basierten Nachhaltigkeitsbewertung zu erhöhen.
- Im Hinblick auf die Gebäudeökobilanzierung existieren bereits viele Lösungen und Standards, um planungsbegleitende Umweltwirkungen, wie z. B. CO_2-Emissionen zu berechnen und anhand der digitalen Gebäudemodelle zu kommunizieren.
- Im Bereich BIM basierter materieller Gebäudepässe existieren bisher deutlich weniger Lösungsansätze und kein Standard. Zukünftig ist hier mit

einem großen Entwicklungsfortschritt zu rechnen, da MGP alle notwendigen Daten für ein funktionierendes Urban Mining System dokumentieren und Reportingzwecke für Nachhaltigkeitszertifizierung und die EU-Taxonome vereinfachen.

- Im Rahmen des Lebenszykluskostenberechnung stellen die Kostenattribute und Mengen relevante Daten aus dem BIM-Modell dar. Diese werden im Rahmen der Planung, Ausführung und des Betriebs generiert und aktualisiert.
- Simulationen unterstützen bei der nachhaltigen Optimierung von Gebäuden in vielfältiger Weise hinsichtlich der Dimensionen des nachhaltigen Bauens. Auf Grundlage der BIM-Methodik können Anwendungen bereits in früheren Phasen besser durchgeführt werden.

Literatur

1. Lambertz M (2010) Entwicklung eines Verfahrens zur Bewertung der sozialen Nachhaltigkeitsdimension von Bürogebäuden. Techn. Hochsch., Diss.-Aachen, 2009. Fortschritt-Berichte VDI Reihe 4, Bauingenieurwesen, Bd. 212. VDI, Düsseldorf
2. (2020) 2020 Global Status Report for Buildings and Construction: Towards a zero-emissions, efficient and resilient buildings and construction sector
3. Hans Carl von Carlowitz (1713) Sylvicultura oeconomica, oder haußwirthliche Nachricht und Naturmäßige Anweisung zur wilden Baum-Zucht, Leipzig
4. Brundtland GH (1991) Our common future, 13. impr. Oxford paperbacks. Univ. Press, Oxford
5. (2019) Leitfaden Nachhaltiges Bauen: Zukunftsfähiges Planen, Bauen und Betreiben von Gebäuden, 3. Aufl.
6. (2018) Richtlinie (EU) 2018/844 des Europäischen Parlaments und des Rates zur Änderung der Richtlinie 2010/31/EU über die Gesamtenergieeffizienz von Gebäuden und der Richtlinie 2012/27/EU über Energieeffizienz: L156
7. Guldager K, Birgisdottir H (2018) Guide to sustainable building certifications, 1. Aufl. PDF. SBI; GXN
8. Verein Deutscher Ingenieure (VDI), Fachbereich Bautechnik (2020) VDI 2552 „Building Information Modeling (BIM)": Blatt 11.4 Informationsaustausch-Anforderungen Ökobilanzierung. https://www.vdi.de/richtlinien/details/vdi-2552-blatt-114-bui lding-information-modeling-informationsaustauschanforderungen-oekobilanzierung. Zugegriffen: 25. Febr. 2020
9. German Institute for Standardization Sustainability of construction works - Environmental product declarations - Core rules for the product category of construction products; German version EN 15804:2012+A2:2019 91.010.99 (DIN EN 15804:2020-03). https:// www.beuth.de/de/norm/din-en-15804/305764795. Zugegriffen: 22. Apr. 2020
10. (2021) DGNB System – Marktversion 2018 (8. Aufl.): Kriterienkatalog Gebäude Neubau
11. Bundesinstitut für Bau-, Stadt- und Raumforschung (2018) Nutzungsdauern von Bauteilen. http://www.nachhaltigesbauen.de/baustoff-und-gebaeudedaten/nutzungsdauern-von-bauteilen.html. Zugegriffen: 22. Okt. 2021
12. Verein Deutscher Ingenieure (2012) Wirtschaftlichkeit gebäudetechnischer Anlagen - Grundlagen und Kostenberechnung (VDI 2067)

© Der/die Herausgeber bzw. der/die Autor(en), exklusiv lizenziert durch
Springer Fachmedien Wiesbaden GmbH, ein Teil von Springer Nature 2022
N. Bartels et al., *Anwendung der BIM-Methode im nachhaltigen Bauen*, essentials,
https://doi.org/10.1007/978-3-658-36502-8

13. Kovacic I, Honic M, Rechenberger H et al (2018) BIMaterial: Prozess-Design für den BIM-basierten, materiellen Gebäudepass. Wien
14. Kedir F, Bucher DF, Hall DM (2021) A proposed material passport ontology to enable circularity for industrialized construction. In: Proceedings of the 2021 European Conference on Computing in Construction. University College Dublin, S. 91–98
15. Sørensen A (2021) Future Perspectives of Material Passports and Life Cycle Assessment: Reshaping the data foundation of LCA in practice. Master thesis, Technical University Denmark
16. EPEA – Part of Drees & Sommer Building Circularity Passport®. https://epea.com/leistungen/gebaeude. Zugegriffen: 22. Okt. 2021
17. Concular Materialpass. https://concular.de/de/. Zugegriffen: 22. Okt. 2021
18. Madaster Germany Madaster Material Passport. https://madaster.de/material-passport/. Zugegriffen: 22. Okt. 2021
19. Building As Material Banks (2018) Circular building assessment tool. https://www.bamb2020.eu/post/cba-prototype/. Zugegriffen: 13. Juni 2021
20. Rosen A (2021) Urban Mining Index: Entwicklung einer Systematik zur quantitativen Bewertung der Kreislaufkonsistenz von Baukonstruktionen in der Neubauplanung. Fraunhofer IRB Verlag, Stuttgart
21. Schwede D, Störl E (2017) Methode zur Analyse der Rezyklierbarkeit von Baukonstruktionen. Bautechnik 94:1–9. https://doi.org/10.1002/bate.201600025
22. Cradle to Cradle Products Innovation Institute Cradle to Cradle Certified™ Banned List of Chemicals. https://www.c2ccertified.org/resources/detail/cradle-to-cradle-certified-banned-list-of-chemicals. Zugegriffen: 22. Okt. 2021
23. Deutsche Bundestiftung Umwelt Intuitive Kommunikation und Visualisierung von Gebäudeökobilanzen und Risikostoffen zur Entscheidungsunterstützung im digitalen Planungsprozess (KoVi): Aktenzeichen 36041/01. https://www.dbu.de/projekt_36041/01_db_2848.html. Zugegriffen: 22. Okt. 2021
24. German Institute for Standardization Nutzungskosten im Hochbau (DIN 18960:2020-11)
25. Association of German Engineers (2012) Economic efficiency of building installations - Fundamentals and economic calculation 91.140.01 (VDI 2067 Blatt 1:2012-09). https://www.beuth.de/en/technical-rule/vdi-2067-blatt-1/151420393. Zugegriffen: 22. Apr. 2020
26. International Organization for Standardization Hochbau und Bauwerke - Planung der Lebensdauer – Teil 5: Kostenberechnung für die Gesamtlebensdauer (ISO 15686-5:2017-07)
27. German Institute for Standardization (2018) Building costs 91.010.20 (DIN 276:2018-12). https://www.beuth.de/en/standard/din-276/293154016. Zugegriffen: 22. Apr. 2020
28. König H, Kohler N, Kreißig J et al. (Hrsg) (2010) Lebenszyklusanalyse in der Gebäudeplanung: Grundlagen, Berechnung, Planungswerkzeuge, 1. Aufl. Detail green books. Hrsg. Detail Inst. für Internat. Architektur-Dokumentation, München
29. Frisch J, Mundani R-P, Rank E et al (2015) Engineering-based thermal CFD simulations on massive parallel systems. Computation 3:235–261. https://doi.org/10.3390/computation3020235
30. Wimmer R (2020) BIM information management for thermal energetic simulation of building service systems, RWTH Aachen University

31. Hausknecht K, Liebich T (2018) BIM-Kompendium: Building Information Modeling als neue Planungsmethode, 2. überarbeitete und erweiterte Aufl. Fraunhofer IRB Verlag, Stuttgart

32. Deubel M (2021) Untersuchungen zur Wirtschaftlichkeit von Building Information Modeling (BIM) in der Planungs- und Realisierungsphase von Bauprojekten. Dissertation

33. Bartels N (2020) Strukturmodell zum Datenaustausch im Facility Management, 1. Aufl. 2020. Springer Fachmedien Wiesbaden, Wiesbaden (Springer eBook Collection)

34. Sommer H (2016) Projektmanagement Im Hochbau: Mit BIM und Lean Management, 4. Aufl. Springer, Berlin

35. German Institute for Standardization (2017) Industry Foundation Classes (IFC) für den Datenaustausch in der Bauindustrie und im Anlagenmanagement (DIN EN ISO 16739)

36. Borrmann A, König M, Koch C et al. (Hrsg) (2015) Building Information Modeling: Technologische Grundlagen und industrielle Praxis. VDI-Buch. Springer Vieweg, Wiesbaden

37. buildingSMART International Limited (2021) Information Delivery Manual (IDM). https://technical.buildingsmart.org/standards/information-delivery-manual/. Zugegriffen: 22. Okt. 2021

38. German Institute for Standardization (2018) Bauwerksinformationsmodelle – Handbuch der Informationslieferungen (DIN EN ISO 29481-1)

39. Sacks R, Eastman C, Lee G et al. (2018) BIM Handbook: A guide to building information modeling for owners, managers, designers, engineers, contractors, and facility managers, 3. Aufl. Wiley, Hoboken

40. German Institute for Standardization (2019) Organisation und Digitalisierung von Informationen zu Bauwerken und Ingenieurleistungen, einschließlich Bauwerksinformationsmodellierung (BIM) – Informationsmanagement mit BIM – Teil 1: Begriffe und Grundsätze (ISO 19650-1:2018); 35.240.67; 91.010.01 (DIN EN ISO 19650-1)

41. May M (2018) CAFM-Handbuch: Digitalisierung Im Facility Management Erfolgreich Einsetzen, 4. Aufl. Vieweg, Wiesbaden

42. Sternal M, Ungureanu L-C, Böger L et al. (Hrsg) (2019) 31. Forum Bauinformatik: 11. bis 13. September 2019 in Berlin : Proceedings. Universitätsverlag der TU Berlin, Berlin

43. van Treeck C, Elixmann R, Rudat K et al. (2016) Gebäude.Technik.Digital: Building Information Modeling. VDI-Buch. Springer Vieweg, Berlin

44. Ashworth S, Tucker M (2017) Employer's information requirements (EIR): Template and Guidance. https://www.iwfm.org.uk/uploads/assets/c9cf30fd-a0e5-417f-a8f225b33b25efd2/Employers-Information-Requirements-EIR.pdf. Zugegriffen: 22. Okt. 2021

45. Klemt-Albert K (2020) Optimierung der Nachhaltigkeit von Bauwerken durch die Integration von Nachhaltigkeitsanforderungen in die digitale Methode Building Information Modeling. Forschungsinitiative Zukunft Bau, F 3213. Fraunhofer IRB Verlag, Stuttgart

46. buildingSMART Germany (2018) buildingSMART-Fachgruppe „BIM und Nachhaltigkeit". http://www.bsde-tech.de/mitarbeiten/fachgruppen/fg-nachhaltigkeit/. Zugegriffen: 25. Febr. 2020

47. Bundesministerium für Verkehr und digitale Infrastruktur (2018) BIM4INFRA2020 – Umsetzung des Stufenplans „Digitales Planen und Bauen". https://www.bmvi.de/SharedDocs/DE/Anlage/DG/digitales-planen-und-bauen.pdf?__blob=publicationFile. Zugegriffen: 22 Okt. 2021

48. Wills N, Fauth J, Smarsly K (2020) Zur Anwendbarkeit des Building Information Modeling bei der Implementierung von Nachhaltigkeitskriterien im Facility Management. https://smarsly.files.wordpress.com/2020/03/smarsly2020j.pdf. Zugegriffen: 22. Okt. 2021

49. Santos R, Costa AA, Silvestre JD et al (2019a) Informetric analysis and review of literature on the role of BIM in sustainable construction. Automation in Construction 103:221–234. https://doi.org/10.1016/j.autcon.2019.02.022

50. Xue K, Hossain MU, Liu M et al (2021) BIM integrated LCA for promoting circular economy towards sustainable construction: An analytical review. Sustainability 13:1310. https://doi.org/10.3390/su13031310

51. Wirtschaftsagentur Wien (2021) Digitales Planen, Bauen und Betreiben: Eine Projekterhebung. Technologie Report. https://www.digitalfindetstadt.at/fileadmin/Digitales_Bauen_Technologiereport_DE.pdf. Zugegriffen: 22. Okt. 2021

52. Ege V (2019) Machbarkeit BIM – Modell gestützte DGNB Zertifizierung. Masterprojekt, Technische Hochschule Köln

53. Gade P, Svidt K, Jensen RL (2016) Analysis of DGNB-DK criteria for BIM-based Model Checking automatization. http://vbn.aau.dk/ws/files/240462533/Analysis_of_DGNB_DK_criteria_for_BIM_based_Model_Checking_automatization.pdf

54. Gantner J, von Both P, Rexroth K et al (2018) Ökobilanz – Integration in den Entwurfsprozess. Bauphysik 40:286–297. https://doi.org/10.1002/bapi.201800016

55. Wastiels L, Decuypere R (2019) Identification and comparison of LCA-BIM integration strategies. IOP Conf Ser.: Earth Environ Sci 323:12101. https://doi.org/10.1088/1755-1315/323/1/012101

56. Schumacher R, Theißen S, Höper J et al. (2021) Analysis of current practice and future potentials of LCA in a BIM-based design process in Germany. In: The 10th International Conference on Life Cycle Management: 5th – 8th September 2021 as a virtual conference, p XXX

57. Lambertz M, Wimmer R, Theißen S et al. (2020) Ökobilanzierung und BIM im Nachhaltigen Bauen: Endbericht. Zukunft Bau (10.08.17.7-18.29)

58. Theißen S, Höper J, Drzymalla J et al (2020) Using Open BIM and IFC to enable a comprehensive consideration of building services within a whole-building LCA. Sustainability 12:5644. https://doi.org/10.3390/su12145644

59. Mombour M (2020) Cradle to Cradle Goes BIM: Ein neues Zeitalter für die Gebäudeplanung? https://www.autodesk.com/autodesk-university/article/Cradle-Cradle-Goes-BIM-Ein-neues-Zeitalter-fur-die-Gebaudeplanung-2020. Zugegriffen: 22. Okt. 2021

60. Honic M (2019) Process-Design for the semi-automated generation of BIM-based Material Passports for buildings. Dissertation

61. BKI Baukosteninformationszentrum; Verlagsgesellschaft Rudolf Müller (2021) BKI Baukosten Gebäude + Positionen + Bauelemente Neubau 2021 – Kombi Teil 1–3: Statistische Kostenkennwerte. Müller Rudolf, Köln

62. Sundermeier M, Kleinwächter H (2021) Projektabwicklung für Bauvorhaben mit komplexer Gebäudetechnik. https://www.build-ing.de/fachartikel/detail/projektabwicklung-fuer-bauvorhaben-mit-komplexer-gebaeudetechnik/. Zugegriffen: 22. Okt. 2021

63. Santos R, Costa AA, Silvestre JD et al (2019b) Integration of LCA and LCC analysis within a BIM-based environment. Automation in Construction 103:127–149. https://doi.org/10.1016/j.autcon.2019.02.011

64. Brahma PT, Wieduwilt M, Stegmann T (2020) Digitale Transformation durch Building Information Modeling bei der Planung von Anlagen. https://www.vivis.de/wp-content/uploads/EaA17/2020_EaA_273-304_Brahma.pdf. Zugegriffen: 22. Okt. 2021

65. Karlsruher Insitiut für Technologie (2018) Katalog der BIM-Anwendungsfälle. https://www.tmb.kit.edu/download/Katalog_der_BIM-Anwendungsfaelle.pdf. Zugegriffen: 22. Okt. 2021

66. Ingenieur.de (2019) Das Potenzial der BIM-Methode wird unterschätzt. https://www.ingenieur.de/technik/fachbereiche/bau/das-potenzial-der-bim-methode-wird-unterscha etzt/. Zugegriffen: 22. Okt. 2021

67. Montiel-Santiago FJ, Hermoso-Orzáez MJ, Terrados-Cepeda J (2020) Sustainability and Energy Efficiency: BIM 6D. Study of the BIM Methodology Applied to Hospital Buildings. Value of Interior Lighting and Daylight in Energy Simulation. Sustainability 12:5731. https://doi.org/10.3390/su12145731

68. Carvalho J, Almeida M, Bragança L et al (2021) BIM-based energy analysis and sustainability assessment—Application to Portuguese buildings. Buildings 11:246. https://doi.org/10.3390/buildings11060246

69. Götz S, Fehn A, Rohde F et al (2020) Model-driven software engineering for construction engineering: Quo Vadis? JOT 19(2):1. https://doi.org/10.5381/jot.2020.19.2.a2

70. Bundesministerium des Innern, für Bau und Heimat (2021) ÖKOBAUDAT: Informationsportal Nachhaltiges Bauen. http://www.oekobaudat.de/. Zugegriffen: 22. Okt. 2021

71. Bundesministerium des Innern, für Bau und Heimat, Bayerische Architektenkammer (2021) WECOBIS – Ökologisches Baustoffinformationssystem. http://www.wecobi s.de/. Zugegriffen: 22. Okt. 2021

72. RWTH Aachen University (2021) EMMy: Ecological material mini library. https://emmy.rb.rwth-aachen.de/de/. Zugegriffen: 22. Okt. 2021

73. Building Material Scout GmbH (2021) Building Material Scout. https://building-material-scout.com/. Zugegriffen: 22. Okt. 2021

74. Institut Bauen und Umwelt e. V. (2021) IBU.data. https://ibu-epd.com/en/ibu-data-start/

75. FH Münster, Bergische Universität Wuppertal (2021) materialbibliothek. https://www.material-bibliothek.de/. Zugegriffen: 22. Okt. 2021

76. DGNB GmbH (2021) DGNB-Navigator. https://www.dgnb-navigator.de/. Zugegriffen: 22. Okt. 2021

77. The Cradle to Cradle Products Innovation Institute (2021) Cradle to cradle certified products registry. https://www.c2ccertified.org/products/registry. Zugegriffen: 22. Okt. 2021

Printed in the United States
by Baker & Taylor Publisher Services